과학의 개념어들

KB207807

과학의 개념어들

지은이 김현벽 · 최은영 · 권창섭
초판 1쇄 인쇄 2024년 10월 14일
초판 1쇄 발행 2024년 10월 24일

발행인 박효상   **편집장** 김현   **기획 · 편집** 장경희, 이한경   **디자인** 임정현
편집 · 진행 김효정   **교정 · 교열** 강진홍   **마케팅** 이태호, 이전희   **관리** 김태옥

종이 월드페이퍼   **인쇄 · 제본** 예림인쇄 · 바인딩

출판등록 제10-1835호   **발행처** 사람in
주소 04034 서울시 마포구 양화로 11길 14-10 (서교동) 3F
전화 02) 338-3555(代)   **팩스** 02) 338-3545   **E-mail** saramin@netsgo.com
Website www.saramin.com

ISBN
979-11-7101-110-0 04400
979-11-7101-075-2 (세트)

우아한 지적만보, 기민한 실사구시 사람in

개념어
시리즈

과학의
개념어들

김현벽·최은영·권창섭 지음

물리학, 화학, 생명과학
개념의 교차와 연계로
과학 이해의 스펙트럼을 넓히다

사람in
saram
in.com

차례

+ 물리학의 관점

과학에 관한 자료가 넘쳐나는 시대이다. 수준이 다양한 과학 교양서가 꾸준히 저술되거나 번역되고, 그중에는 화려하고 인상적이며 심지어 과학적으로도 정확한 그림을 담은 책도 많다. 각종 위키 페이지, 해당 분야 전문가의 블로그, 유튜브의 과학 채널 등 온라인 자료 역시 개인이 다 살펴볼 수 없을 정도로 넘쳐나고 있다. 교양 과학이 온라인 미디어 환경의 격변에 맞추어 새로운 황금시대를 맞았다고 해도 좋을 정도이다. 자료들의 범위와 깊이는 계속 증가하는 추세이고, 그에 맞추어 독자들의 수준과 지적 요구 또한 약 10년 전에 비추어 급격하게 상승한 것이 체감될 정도이다. 이제는 표면적 교양을 넘어 학술적 과학이 일상으로 자리 잡는 듯하다는 이른 기대 때문에 무척 고무된다.

그렇다면 '이러한 환경에서 독자에게 도움이 되는 글이란 무엇일까?'를 고민하지 않을 수 없다. 많은 독자의 수준은 이미 조각난 개념의 지식이나 부분적 정보를 넘어서 해당 학문으로부터 통찰을 얻기 원하는 정도에 이르렀다. 앞으로 대중을 대상으로 하는 과학 콘텐츠는 이러한 방향성에 맞추어 깊이와 통합을 아우르며 진화할 것이라고 기대한다.

따라서 지은이들은 과학 개념이 많이 등장하는 이 책을 개념어 사전처럼 서술하는 방식을 지양하고, 미약하나마 학문 간의 연계를 시도하여 과학에 대한 포괄적이고 새로운 시야를 독자에게 제시하려고 하였다. 고등학교 물리학, 화학, 생명과학 수준의 개념을 큰 이정표로 삼고 학문 간의 공통 개념과 인접 개념이 교차하거나 스치는 장면들을 보임으로써, 개별 개념에 천착하기보다 '과학함'의 스케일을 재고再考하고 독자의 지적 열정을 자극하기를 바랐다.

개념에 따라서는 개별 학문이나 주제의 특성이 너무 강하여 이러한 시도를 깊이 있게 해내지 못하기도 했다. 또 어떤 개념은 교과서 수준의 설명을 과감히 생략한 반면 어떤 개념은 논리 전개의 완결성을 위해 교과서 수준의 설명을 반복하기도 했다. 이러한 부족함에도 불구하고 전체적 기조는 개념의 파편화를 지양하고 학문 간, 개념 간의 '이웃함'을 지향하였다.

아쉬운 부분은 더 본격적인 후속 작업에서 보완할 수 있을 것으로 기대한다. 이 책이 독자에게 이미 드러난 과학의 경계를 더욱 확장, 탐색하거나 하나의 세부 내용을 심층부까지 파고들어 가 새로운 확장과 연결을 이어 가는 계기가 되기를 희망한다. 과학을 사랑하는 독자의 지적 용기와 공부를 응원한다.

+ 화학의 관점

한 개념을 보는 다른 관점이 궁금했다. 공통 개념에 대한 물리학, 화학, 생명과학의 다른 관점들을 공유하는 시도가 의미 있다고 여겨 집필에 동참하였다. 그 과정에서 해당 용어를 접했을 때 각 교과 분야 지은이가 떠올린 학습 및 연구 내용들을 공유하였다. 예를 들어 생명과학자가 생체분자라는 개념을 언급하며 탄수화물, 단백질, 핵산 등을 설명하면 물리학자가 생체분자의 구조를 규명한 엑스선$^{X-ray}$회절을 떠올리고 설명한다. 그리고 화학자는 엑스선회절 분석을 위한 생체분자의 결정화에 관심을 두고 얘기한다. 또한 화학자는 에너지라는 개념을 접했을 때 연상되는 내용들을 설명하고, 물리학자도 자신의 관점에서 제약 없이 쓴다. 양도 내용도 제약이 없어서 서로의 생각을 엿볼 수 있는 좋은 기회가 되었고, 집필이 즐거웠다.

이 글을 쓰면서 프리즘을 떠올렸다. 한 줄기 빛이 프리즘을 통과하면 굴절률 차이에 의해 빨주노초파남보로 나뉜다. 이 책에서 프리즘을 통과한 하나의 개념도 물리학자, 화학자, 생명과학자가 토해낸 설명들로 나뉘어 보인다. 전반적으로 보면 통일되지 않아서 투박하고 거친 부분이 있다. 그러나 이것이 이 책의 매력이다. 편안하게 훑어보고 생각하며 읽어보면 유익하고 재미있는 내용을 많이 건질 수 있을 것이다.

세 집필자는 물리학, 화학, 생명과학의 영역을 넘나들었다. 전통적인 학제 간 영역에 얽매이지 않았음을 시사한다. 한 전공 분야에서 오랫동안 가르치고 연구해온 사람의 관점에서 알고 있는 지식 및 통찰을 이제는 공유하는 것이 더 의미 있지 않을까 싶다. 분야별 색채를 드러낸 후반부의 반도체, 금속 유기 골격체, 화학 소재, 분석

기기 등에 관한 내용은 할 말이 너무 많아서 다음 기회로 미뤄야만 했다. 아쉽지만 공유할 말이 많았다는 사실은 다음을 기약하겠다는 희망을 준다.

+ 생명과학의 관점

재직하고 있는 학교의 학생들이 일찍부터 본인이 희망하는 진로를 수학, 물리학, 화학, 생명과학, 지구과학 등으로 정하고 이른바 '전공 트랙'을 탄다며 다른 교과의 공부를 기피 또는 소홀히 하는 모습을 자주 접한다. 또한 물리학 시간에는 '물리학적으로만 사고'하려고 하고, 생명과학 시간에는 '생명과학적 사고를 고집'하려는 경향을 보이기도 한다. 하지만 이 책에서 강조하듯이 역사적으로 물리학, 화학, 생명과학뿐만 아니라 수학과 철학까지도 밀접한 관련이 있었다. 근대 자연과학 이후 개별 학문 분야가 급격하게 발전하면서 과학 안에서도 물리학, 화학, 생명과학, 지구과학 등으로 담을 쌓고, 각 분야 안에서도 더 분화되고 더 깊이 파고드는 연구를 진행해왔다.

하지만 이제는 인접 학문에도 관심을 기울일 때 더

좋은 연구 주제나 해결 방안이 도출되는 것을 경험할 수 있다. 따라서 어떤 자연현상에 대한 물리학자, 화학자, 생명과학자들의 관점과 호기심을 미래 과학자 및 공학자들이 이 책에서 두루 경험하며 다학제적 시각을 갖추기를 희망하여 저술에 참여했다.

특히 생명과학은 내용이 너무 복잡해지지 않도록 중·고등학교 교과서 수준에서 현상을 조망하고 음미할 수 있도록 서술하여 생명과학에 대한 선행 지식이 없더라도 쉽게 접근할 수 있게 하였다.

생명과학의 관심사는 작게는 생체분자에서 거시적으로는 지구 생태계에 이르기까지 광범위하다. 당연히 물질과 에너지 같은 화학 및 물리학의 개념이 반드시 필요하다. 생명과학적 문제를 생명과학적 접근법으로 잘 풀어내는 기존 연구 형태가 앞으로도 유효하고 지속 가능하겠지만, 학문에 경계를 두지 않고 여러 분야와 관점을 쉽게 넘나들며 창의적으로 연구하는 미래의 과학자 및 공학자가 많아지기를 희망한다.

1

에너지

화학반응

에너지 energy
생기론 vitalism
물활론 hylozoism
애니미즘 animism
연소 combustion
플로지스톤 phlogiston
가능태 potentiality
현실태 actuality
운동량 momentum
활력 living force, vis viva
운동에너지 kinetic energy
역학적 일 mechanical work
퍼텐셜에너지 potential energy
기계적 확대율 mechanical advantage
기계적 영구기관 perpetual motion machine
열 heat
원자론 atomic theory
열소 caloric
열기관 heat engine
증기기관 steam engine
열의 일당량 mechanical equivalent of heat
에너지보존법칙 law of conservation of energy
힘 force
상호작용 interaction
상태 state

발열반응 exothermic reaction
흡열반응 endothermic reaction
계 system
주위 surrounding
회전 에너지 rotational energy
화학반응 chemical reaction
엔탈피 enthalphy
헤스의 법칙 Hess's law
전이(천이) transition
라디오 주파수 Radio Frequency, RF
적외선 Infrared, IR
자외선 Ultravioloet, UV
극성분자 polar molecule
분광학 spectroscopy

'에너지'는 분야를 막론하고 과학기술 전체를 아우르는 가장 보편적이면서도 실용적인 동시에 극도로 추상적인 과학 개념이다. 에너지 개념의 출현은 우리를 둘러싼 환경에 대한 원초적인 관찰 사실과 밀접한 관련이 있다. 바로 '우주(자연)는 역동적이다'라는 것이다. 고대 그리스 철학자 헤라클레이토스 Heraclitus of Ephesus, 기원전 540년경~기원전 480년경의 '같은 강물에 두 번 발을 담글 수는 없다'라는 만물유전萬物流轉, Panta rhei 사상은 자연에 내재한 역동성에 대한 통찰이 고대부터 있었음을 시사한다.

'생명'은 이러한 자연의 역동성이 드러난 여러 현상 중 가장 신비로운 형태라고 볼 수 있다. '생명'을 정의하는 일은 그 신비로움만큼이나 무척 어렵다. 그래서 다만 '생명'의 여러 측면을 제시하여 종합적으로 조망할 수 있을 따름이다. 그중 '성장한다'는 측면은 생명의 역동성을 대변하는 중요한 요소 중 하나이다.

　생명의 본질과 근원을 알고자 하는 것은 인간의 가장 오래된 지적 욕망이고, 조금 과장하면 최대의 욕망이라고 할 수 있다. 고대인들은 생물을 대상으로 하는 생기론生氣論, vitalism과 더 나아가 모든 물질을 아우르는 물활론物活論, hylozoism 및 애니미즘animism 사상을 통해 물질 너머의 것, 예를 들어 정신이나 영혼 등에서 생명 본질의 가능성을 탐색하였다. 그러한 사상들의 다양한 변주와 확장이 근대과학의 여명기까지도 이어졌다. 이러한 탐구는 자연의 역동성의 근원을 다소 신비주의적인 실체로 상정하는 태도를 낳았다.

　한편 물질세계의 역동성을 이해하고 이것을 이용하려는 오랜 욕망 또한 존재하였는데 대표적인 사례가 연금술이다. 연금술의 목적은 '황금'을 얻는 것이었지만, 더 큰 목적이 '영생'이었다는 점에서 생명의 본질을 구하려는 욕망과 크게 떨어져 있지 않았다고 할 수 있다. 물질의 반응을 직접적으로 다룬 연금술은 관찰과 사색에만 의존한 철학보다 경험적이고 실험적인 성격을 띨 수 있었다. 이러한 성격은 물질세계 역동성의 근원을 구체적으로 개념화하는 데 큰 도움이 된다.

　　연금술이 다룬 여러 반응 중 '연소' 반응은 근대 화학으로 넘어가는 고리로서 상징성이 있다. 연소의 본질을 물질 자체에 둔 플로지스톤phlogiston 가설은 연소 때 플로지스톤이라는 물질이 빠져나온다고 설명함으로써 이것을 가진 물질만이 연소한다고 보았다. 하지만 잘 알려져 있다시피 앙투안로랑 드 라부아지에Antoine-Laurent de Lavoisier, 1743~1794 등이 '산소'의 존재를 확인하면서 연소는 탈물질과 산소의 반응이라는 것이 밝혀졌다. 즉, 어떤 하나의 물질이 연소에 대응하는 것이 아니며, 연소의 본질은 물질들 사이의 반응으로서 과정적 성격을 지닌다. 이러한 통찰은 물질세계의 역동성이 물질 반응의 과정process과 밀접함을 암시했다.

　　라부아지에는 산소가 생물의 호흡과 연관 있다는 것도 지적하였다. 숨 쉬는 행위가 생명의 가장 큰 징후라는 것에 비추어볼 때 이러한 지적을 통해 산소와의 반응이 생명 활동에 중요한 역할을 한다는 것을 예상할 수 있다. 실제로 미토콘드리아 밖에서의 해당 과정glycolysis은 산소가 없어도 가능하지만, 미토콘드리아 내에서 아데노신삼

17

인산^{Adenosine Triphospate, ATP}이 합성되는 과정에는 산소가 필요하다. 즉, 연소는 생물과 무생물 모두의 내적·외적 활력에 연관된다는 측면에서 에너지 개념이 출현하는 데 인상적인 힌트가 되었다고 해도 과언이 아니다.

앞서 언급한 헤라클레이토스는 만물유전 사상 외에 '만물의 근원은 불'이라는 주장도 했다. 이 주장을 다소 낭만적인 관점에서 보면 '역동성', '불', '연소', '반응', '에너지'라는 개념을 이웃 유사성으로 묶을 수도 있음을 암시한다.

'만물의 근원은 무엇인가?'라는 질문을 최초로 제시하고, 권위나 미신이 아니라 관찰과 합리적 사고로 답을 구하는 방법 역시 최초로 제시한 인물은 탈레스^{Thales of Miletus, 기원전 626/기원전 623~기원전 548/기원전 545}로 알려져 있다. 후대 철학자들은 그를 최초의 철학자로 평가하고, 혹자는 그로부터 서양철학이 출발했다고 본다. 탈레스와 관련한 많은 일화는 후대에 부풀려졌을 가능성이 있지만 그의 핵심 사상과 철학하는 태도만으로도 그를 철학자의 철학자, 최초의 과학자, 최초의 물리학자라고 불러도 무리가 없을 정도이다. 그는 '만물의 근원은 물'이라고 주장했는데, 헤라클레이토스는 이것과 무척 대비되는 주장을 했다. 만물의 근원에 대한 헤라클레이토스의 주장과 탈레스의 주장의 대비는 불과 물의 대비, ATP 합성 과정의 산화 반응과 ATP 가수분해 과정의 대비, 미토콘드리아 내부의 온도가 대체로 체온보다 훨씬 높다는 점(최고 50℃에 육박)과 신체의 약 70%가 물이라는 점의 대비 등을 묘하게 연상시켜서 재미있다. 탈레스와 헤라클레이토스는 모두 물활론hylozoism적 입장을 내세웠다고 알려져 있다.

1800년대 초에는 근대 화학이 태동함에 따라 앞서 이야기한 생기론의 전통에 더해서 실험과학의 성과들이 빠르게 추가되고 있었다. 당시 생리학자들 사이에는 무기물과 뚜렷이 구별되는 유기물로서의 생명현상에 관여하는 생기력vital force이 별도로 존재한다는 관점과, 음식물 섭취, 호흡 등의 생물학적 과정에서 생리화학적으로 다룰 수 있는 에너지force, 독일어 kraft가 존재한다는 관점이 공존했다.

한편 물리학에서 오늘날의 에너지 개념이 여러 맥락에서 동시다발적으로 정립되었다. '에너지energy'라는 단어는 희랍어 'energeia'에서 유래했다. 'energeia'는 아리스토텔레스^{Aristotle, 기원전 384~기원전 322}가 자신의 철학에서 탐구한 '가능태^{potentiality, 희랍어 dynamis}와 현실태^{actuality, 희랍어 energeia}' 개념에서 '현실태'를 지칭하는 용어로 사용하였다. '현실태'는 당연히 오늘날의 에너지 개념과는 매우 다르다. 아리스토텔레스가 저서《자연학^{Physics}》에서 물체의 운동을 분석하는 개념적 도구로서 가능태와 현실태 개념을 사용하였지만, 물리적 현상에 한정하지 않고 윤리학 등의 다른 주제에서도 사용하였다. 이처럼 포괄적이고 사변적인 뉘앙스를 띠었던 '에너지'라는 용어는 아리스토텔레스 이후 1800년대 초까지 여러 학문과 맥락에서 차용되어 사용되었다.

역학적 운동에너지 개념의 출현은 우주의 생성 근원과 우주 생성 이후의 변화 속에서도 변하지 않는 것에 관한 논의에서 신학적 맥락과 연결되어 이루어졌다. 르네 데카르트^{René Descartes, 1596~1650}는 1644년《철학 원리^{Principia philosophiae}》에서 '운동의 양^{quantity of motion, quantidade de movimento}'으로 물체의 질량과 속력을 곱한 양 $m|\vec{v}|$^(오늘날 운동량으로 정의된 양의 크기)를 제안하며 물리적 현상에서 이 양이 보존된다는 논

지를 펼쳤다. 고트프리트 빌헬름 라이프니츠^{Gottfried Wilhelm} ^{Leibniz, 1646~1716}는 1686년 논문 〈자연법칙에 관한 데카르트와 다른 사람들의 주목할 만한 오류의 간략한 시연^{A Brief Demonstration of a Notable Error of Descartes and Others Concerning a Natural Law}〉에서, 데카르트가 제안한 '운동의 양' $m |\vec{v}|$ 에 대비해 물체의 질량에 속력의 제곱을 곱한 양 $m |\vec{v}|^2$ (오늘날 운동에너지로 정의된 양의 2뱃값)을 '활력^{living force, vis viva}'이라는 양으로 제시하고, 활력이야말로 물리적 현상에서 진정으로 보존되는 양이라는 대립 논지를 제기하였다. 이른바 'vis viva 논쟁'으로 후대에 지칭된 $m |\vec{v}|$ 와 $m |\vec{v}|^2$ 을 둘러싼 논쟁은 때때로 과열되면서 학계에서 50여 년 이상 지속되다가 장바티스트 르 롱 달랑베르^{Jean-Baptiste le Rond d'Alembert, 1717~1783}의 1743년 논문 〈역학 개론^{Traité de dynamique}〉을 계기로 사변적 논의를 배제한 수학적이고 정량적인 고전역학이 받아들여지면서 어느 정도 일단락되었다.

한편 1668년에는 크리스티안 하위헌스^{Christiaan Huygens,} ^{1629~1695} 등이 벡터량으로서의 물체의 질량에 속도를 곱한 양 $m\,\vec{v}$ (오늘날의 운동량)을 1차원 충돌 현상에서 보존되는 벡터량으로 중요하게 지적했다. 하위헌스는 파동의 진행에

관한 하위헌스의 원리라는 업적을 세우기도 했다. 운동량 보존은 아이작 뉴턴Sir Isaac Newton, 1643~1727이 1687년《자연철학의 수학적 원리The Mathematical Principles of Natural Philosophy》를 발표한 이후 뉴턴의 운동 제3법칙을 통해 근거가 마련되었다. 라이프니츠는 $m|\vec{v}|$와 $m\vec{v}$의 차이를 알고 있었다.

'vis viva 논쟁'은 달랑베르 이후로 사그라들었지만 운동에너지를 둘러싼 용어와 개념 적용의 혼돈은 한동안 지속되었다. 다른 한편에서 화학자와 생리학자들이 산소의 중요성에 관해 인식하던 즈음인 1807년 빛의 간섭 실험으로 유명한 토머스 영Thomas Young, 1773~1829은 $m|\vec{v}|^2$양에 처음으로 현대적 의미의 에너지라는 명칭을 붙였다. 오늘날의 일-운동에너지 정리work-kinetic energy theorem와 맥을 같이 한다고 볼 수 있는 역학적 일 $\vec{F}\cdot\vec{d}$와 운동에너지의 연관성이라는 측면에서, $m|\vec{v}|^2$이 아니라 정확히 $m|\vec{v}|^2/2$이 'vis viva'에 대응해야 한다고 1829년 정정한 인물은 가스파르귀스타브 드 코리올리Gaspard-Gustave de Coriolis, 1792~1843였다. 코리올리는 전향력에 대한 연구로도 유명하다.

윌리엄 존 매퀸 랭킨William John Macquorn Rankine, 1820~1872은 1853년 논문〈에너지 변환의 일반 법칙에 관하여On the

General Law of the Transformation of Energy〉에서 '힘'의 관점이 아니라 '에너지'로부터 현상의 변화를 수학적으로 이해한다는 맥락에서 '실제 에너지actual energy'와 '잠재 에너지potential energy'라는 2종류의 에너지를 구분하였다. 이것은 각각 현대적 의미의 운동에너지와 퍼텐셜에너지에 상응했다. 퍼텐셜에너지라는 용어가 여기서 처음 등장하였다.

랭킨이 '실제 에너지'와 '잠재 에너지'를 구분할 때 아리스토텔레스의 'energeia'와 'dynamis'에 대한 사유로부터 영감을 얻었다고 알려져 있다. 또한 랭킨은 1855년 논문 〈에너지론의 과학에 대한 개요Outlines of the Science of Energetics〉에서 에너지를 '일할 수 있는 역량capacity for performing work'으로 설명함으로써 오늘날 많은 교과서에서 취하고 있는, 일을 통해 에너지의 의미를 명료화하는 방식을 최초로 제시하였다. 하지만 오늘날 에너지에 대한 이해는 당시보다 훨씬 폭넓어졌기 때문에 에너지를 '일할 수 있는 능력'으로만 정의하는 것에는 주의가 필요하다.

한편 $m|\vec{v}|^2/2$양이 마침내 현대적 의미의 '운동에너지kinetic energy'라는 오늘날의 명칭과 지위를 획득한 것은 윌리엄 톰슨William Thomson, 1st Baron Kelvin, 1824~1907과 피터 거스리 테이트Peter Guthrie Tait, 1831~1901의 1867년 공동 저서《자연철학

개론^{Treatise on Natural Philosophy}》을 통해서였다. 절대온도의 단위 K는 톰슨의 업적을 기려서 명명된 것이다.

역학적 일^{mechanical work}에 대한 개념의 발달은 도구 장치 혹은 넓은 의미의 기계의 발달과 궤적을 같이한다. 갈릴레오 디 빈첸초 보나이우티 데 갈릴레이^{Galileo di Vincenzo Bonaiuti de' Galilei, 1564~1642}는 1600년경 저작《역학^{Le Meccaniche}》에서 지렛대, 빗면, 나선, 도르래 등의 역학적 도구를 분석했다. 이 저작의 가치를 지금의 관점에서 해석하면 역학적 기계의 기계적 확대율^{mechanical advantage}에 대한 정량적 연구에 하나의 전기^{轉機}를 마련한 것이라고 볼 수 있다.

이러한 도구들은 역학적 일을 위해 필요한 힘의 비율이나 힘의 방향 등을 바꾸어 물리적 노동의 편의성을 높일 수 있다는 것이 일찍부터 발견되어 기원전 2000여 년의 고대 문명사회에서부터 활용되었다. 기원전 시기에 이러한 역학적 도구들을 단순한 도구적 관점이 아니라 공학적 관점에서 분석하여 개선을 시도한 선구자로 아르키메데스^{Archimedes of Syracuse, 기원전 287년경~기원전 212년경}가 알려져 있다. 그가 발명하거나 개선했다고 알려진 많은 도구 중 역학적 일과 관련하여 특히 인상 깊은 것은 복합 도르래와 나선양수기다. 그의 나선양수기를 응용한 스크루 컨베이어 시스템은 유체, 파우더, 물류 등의 이송 수단으로 지금도 산업 현장에서 매우 유용하게 사용된다. 아르키메데스가 하였다고 알려진 "나에게 설 곳을 준다면, 내가 지구를 움직이겠다"라는 선언은 기계적 장치에 대한 이해가 매우 높았음을 대변한다.

기원전부터 사용된 오래된 도구들을 갈릴레오가 진지하게 분석한 배경에는 갈릴레오 당대에 제시된 기계적 영구기관perpetual motion machine에 대한 비판 의식이 깔려 있었다. 갈릴레오는 도구나 기계로 역학적 일을 할 때 힘의 측면에서의 이득, 거리 측면에서의 이득, 시간 측면에서의 이득 등을 엄밀히 분석하려 했다. 이를 통해 '영리한 설계로 자연의 원리를 교묘하게 비켜 갈 수 있다면 기적 같은 기계를 작동할 수 있을 것'이라는 당시 기술자들의 암시적이고 잘못된 발상을 비판하였다. 갈릴레오는 '자연을 기만하는 것은 불가능하고, 그러한 믿음은 오직 기술자 스스로를 기만하는 것일 뿐'이라는 점을 분석을 통해 분명히 드러내고자 하였다. 한편 그는 온도계의 전신이라고 할 수 있는 온도 검사기^{(눈금 없는 온도 관찰기)thermoscope}를 최초로 발명했다고 알려져 있다.

기계 장치 분석에서 한 발 더 나아간 물리학 관점의 역학적 일에 대한 분석은 1700년대 들어 수차^{(물레방아)水車,} ^{waterwheel}를 통해서 수력을 역학적 일로 효율적으로 전환하는 방법에 대한 논의로 발전한다. 수차 날개의 각도, 크기, 복합 구조 등과 관련하여 가장 효율적인 설계가 연구되면서 라이프니츠가 제안한 vis viva양의 보존이 베르누이 방정식으로 유명한 다니엘 베르누이^{Daniel Bernoulli,} ^{1700~1782} 등에 의해 수차가 할 수 있는 역학적 일에 대한 분석에 점차 병합되었다. 그리고 마침내 운동에너지와 역학적 일 개념이 하나의 맥락으로 만나, $m|\vec{v}|^2/2$에 대해 앞서 언급한 코리올리의 통찰로 이어졌다.

'열^{heat}' 현상은 에너지 개념이 출현하는 데 큰 역할을 하였지만 아이러니하게도 그 본질이 에너지 개념에 포섭되는 과정이 가장 미묘하기도 하였다. 근대과학적 입장에서 열의 본질에 대한 초기 논의는 크게 '운동론'과 '물질론^(열소론)'이라는 2가지 맥락에서 전개되었다.

운동론은 역학적 세계관에 비교적 가까운 관념에 바탕하여 구성 요소의 운동으로서 '열'을 이해하려고 하였다. 프랜시스 베이컨Francis Bacon, 1st Viscount St. Alban, 1561~1626과 로버트 보일Robert Boyle, 1627~1691 등이 이러한 입장을 취했다.

당시는 현대적 원자론이 등장하기 이전이었기 때문에, 운동론을 옹호한 논의들 중 일부는 물질 이론에 대한 가설적 하부구조 또는 가설적 미시 구조를 추가로 설정하곤 하여 매우 복잡하고 사변적이었다.

한편 물질론에서는 화학반응과 물질 변환에 가까운 관점에서 '열'을 하나의 고유한 물질로서 이해하기 위해 접근하였다. 이러한 입장의 대표적 인물 라부아지에는 1787년 세 명의 저자와 함께 저술한《화학 명명법Method of Chemical Nomenclature》에서 물질로서의 '열' 원소를 '열소caloric' 라고 이름 붙였다.

1700년대의 과학계는 '운동론'과 '물질론'이 비교적 대등하게 나뉘어 있었다. 열 현상은 주로 화학자들이 화학반응에서 열이 하는 역할의 관점에서 연구했다. 이런 상황에서 열기관heat engine이 발전하는 추세를 계기로 '열'이 물리학적 관점에서 다시 적극 탐구되기 시작했다.

열기관의 대표 격이라고 할 수 있는 증기기관^{steam} engine은 광산에서 물을 퍼내기 위한 펌프의 동력원으로 1700년대 초부터 빠르게 발전하기 시작한다. 뚜렷한 산업적 수요를 바탕으로 다양하게 설계된 증기기관이 경쟁하였다. 제임스 와트^{James Watt, 1736~1819}는 기존 증기기관의 효율을 개선하기 위해 고심하던 중 피스톤에 별도의 콘덴서를 장착하여 기존 디자인의 약점을 극복할 수 있음을 깨달았다. 와트의 설계대로 제작된 증기기관은 기존 증기기관들이 사용하던 석탄량의 50% 이상을 절약할 수 있는, 말 그대로 혁신적인 기계였다. 와트는 이 획기적인 발명을 1769년 특허로 출원하였고, 이 덕분에 오늘날까지도 그는 증기기관의 아버지로 인식되고 있다. 와트의 발명을 계기로 이어진 열기관의 개선은 제조, 제련, 운송 수단의 보편적 동력원으로서의 열기관을 낳으며 산업혁명이라는 인류 문명의 대전환점을 견인했다. 일률의 단위 W는 그의 업적을 기려서 명명되었다.

증기기관 발전의 역사는 기술 발전이 과학 발전을 직접적으로 선도한 사례라고 불러도 좋을 정도이다. 그 이유는 와트의 발명 시기까지도 '열'의 물리학에 대한 이론이 매우 빈약했기 때문이다. 니콜라 레오나르 사디 카르노 Nicolas Léonard Sadi Carnot, 1796~1832 는 1824년 저작《불의 원동력과 그 힘을 발전시키는 데 적합한 기계에 대한 고찰 Reflections on the Motive Power of Fire and on Machines Fitted to Develop that Power》에서 '열원 heat source'이 주어졌을 때 열기관이 할 수 있는 일의 양을 탐구하며, 개별적 디자인과 사용 유체의 종류에 무관한 이상적 열기관이 도달할 수 있는 최고의 효율을 이론적으로 산출하였다. 가역 과정 reversible process, 카르노 순환 Carnot cycle 등의 개념을 확립한 이러한 탐구는 현대적 열역학의 시발점인 동시에 '열'과 '온도' 그리고 열기관에 대한 공학적 논의가 물리학적으로 단단한 토대 위에 이루어지는 계기가 되었다.

한편 제임스 프레스콧 줄 James Prescott Joule, 1818~1889 은 '열'의 본질을 물질로 볼 수 없고 물질 구성 부분의 운동으로 파악해야 한다는 것을 증명하기 위해 집요하게 여러 종류의 실험을 수행하고 결과를 논문으로 발표한다. 그중에는 전자석을 물속에서 회전시키는 일을 할 때 변화한 물의 온도를 측정하는 실험, 물속에 담긴 밀폐 용기 내의 공기를 압축시키는 일을 할 때 변화한 물의 온도를 측정하는 실험 등이 있었다. 이런 실험들은 당대의 최신 물리학에 대한 폭넓은 이해를 바탕으로 정교하게 설계하고 수행할 수 있는 능력이 필요했다. 1845년 이전부터 줄은 이러한 실험을 할 때마다 열의 일당량을 실험 데이터로부터 산출하여 꾸준히 보고하였다. 마침내 그는 1845년 〈열의 역학적 등가에 관하여 On the Mechanical Equivalent of Heat〉라는 1페이지도 되지 않는 초록 abstract을 통해서 우리가 교과서에서 배우는 물갈퀴 달린 바퀴 실험 paddle wheel experiment을 수행한 사실과, 그 실험을 통해 산출한 열의 일당량을 다시 한번 발표한다. 이 실험의 설계, 방법, 데이터를 자세히 수록한 논문은 1849년 발표하였다. 이러한 일련의 연구는 '열'의 본질이 원자나 분자들의 운동이라는 현대적 관점의 초석을 놓은 동시에 물체의 역학에서 논의되었던 에너지 개념으로 '열'이 포섭될 수 있음을 제시했다. 에너지의 단위 J는 줄의 업적을 기려서 명명되었다.

　줄과 비슷한 시기인 1842년 율리우스 로베르트 폰 마이어 Julius Robert von Mayer, 1814~1878는 논문 〈무생물의 힘에 관한 논평 The Forces of Inorganic Nature〉에서 에너지는 그 자체로 생성되거나 소멸되지 않고 합으로서 보존되며, 현상에 따라서 오직 서로 변환되는 양으로 주장하였다. 마이어가 사용한 용어는 에너지^{energy}가 아니라 독일어 kräfte로, 우리말로는 힘 혹은 동력, 영어로 force로 번역된다. 그는 에너지가 변환되는 양상에는 운동, 열, 중력 퍼텐셜에너지$^{(그가\ 사용한\ 용어는\ falling\ force였다)}$가 있고, 이러한 양상으로 서로 변환될 수 있다는 의미에서 운동, 열, 중력 퍼텐셜에너지가 동등하다는 것을 반복적으로 주장했다. 마이어는 논문에서 '일으킴과 그 영향, 즉 원인과 결과$^{cause\ and\ effect}$'에 관한 과학철학적 배경에서 에너지와 에너지 보존에 대해 사유했다. 만약 이러한 성격의 논의만 제시했다면 그의 에너지 개념은 물리학이라기보다 철학 개념으로 받아들여졌을지도 모른다. 하지만 그는 자신의 사유에 따라 직접적인 물리적 현상에 대한 정량적 관찰과 분석을 시도하여 이것이 물리학 개념임을 보이고자 하였다.

마이어는 크게 2가지 사례를 제시하였다. 하나는 '열'이 운동과 동등하다는 주장을 뒷받침하는 현상이었다. 구체적인 실험 설계와 방법은 생략했지만, 물을 흔들어서 12℃에서 13℃로 온도가 올라가는 것을 직접 확인하였다는 내용이었다. 다른 하나는 역시 구체적인 계산

과정은 생략했지만, 당시 알려져 있던 공기의 등적비열과 등압비열의 비율로부터 열의 일당량을 정량적으로 산출하여 명시한 것이다.

마이어가 열의 일당량을 산출한 논리는 기체의 등적 가열 과정 중 기체의 등적을 유지하기 위해 추가한 수은 기둥의 중력 퍼텐셜에너지와, 기체의 등압 가열 과정에서 등적 과정과 동일한 온도 상승을 위해 더 필요한 열의 양이 같아야 한다는 것이었다. 그리고 자신이 산출한 열의 일당량에 따르면 당시의 증기기관 효율이 매우 낮다고 언급하며, 자신이 제안하는 에너지 보존을 실용적 분야에서도 활용할 수 있음을 암시한다. 이렇게 통합적 사유를 시도한 업적으로 오늘날에는 마이어가 에너지보존법칙을 처음으로 제안한 선구적 과학자로 인정받고 있다.

많은 과학사 문헌은 마이어의 의사 경력을 다루며 그가 라부아지에의 산소 연구, 그리고 음식의 연소가 동물열(체열)animal heat과 관련 있다는 라부아지에의 견해에 영향을 받았음을 지적한다. 또한 1840년 지금의 인도네시아 지역을 항해한 배의 의사로 승선하여 독일 지역 사람들에 비해 열대 지역 사람들의 정맥혈 색깔이 훨씬 선명한 것을 관찰하고, 신체 대사^{metabolism}에 필요한 산소량의 차이에 관해 가설적 사고를 한 결과 '열'과 에너지에 대한 견해에 이르렀다고 알려져 있다. 고위도 지역과 열대지역 사람들의 정맥혈 색깔 차이를 현대적 수준의 의과학 기술과 지식을 동원하여 체계적으로 연구한 결과는 아직 없기 때문에 마이어의 정맥혈 색깔 가설이 맞는지 여부는 검증이 더 필요하다. 하지만 그가 환자의 피 색깔에 큰 인상을 받았음을 실제로 기록한 것은 사실이다. 이러한 생리학적 발상에 대한 논의를 그는 1842년 논문에서 배제하고 후속 저작들에서 다루었다. 후속 저작에서 마이어는 식물의 광합성이 빛의 형태로 받은 에너지를 화학적 형태로 바꾸는 과정이라고 주장했다. 시대를 앞서간 그의 예리한 관찰력과 깊은 사고는 자연의 모든 현상을 포괄하는 보편성을 가진 개념으로서의 에너지를 지향했다는 점에서 가치가 높다.

마이어의 논문 이후 이제 생화학반응의 연소열과 마찰 등 물리적 과정의 열을 포함한 '열', 운동에너지$^{vis\ viva}$, 퍼텐셜에너지$^{falling\ force}$, 역학적 일 등 에너지보존법칙으로서의 열역학 제1법칙 선언을 위한 모든 퍼즐 조각이 준비되었다. 1800년대 초·중반 과학계에서는 에너지보존법칙의 출현에 대한 징후가 전반적으로 매우 강했다. 당대의 이름 있는 과학자 대부분이 이러한 법칙의 존재에 대한 의견을 피력했다고 봐도 무방할 정도였다. 마이클 패러데이[Michael Faraday, 1791~1867]는 화학적 친화력, 전기, 자기, 열 등의 다양한 현상을 논한 1834년의 강연에서 '어느 하나가 다른 것의 원인이라고 말할 수는 없고, 다만 그것들이 모두 연결되어 있고 공통된 원인으로 발생한다고 말할 수 있다'라는 의견을 피력했다. 이제 남은 문제는 누가 이것을 물리학적으로 정돈되고 정량적으로 설득력 있는 원리로 정식화할 것인가였다.

마이어와 비슷하게 의사이자 물리학자였던 헤르만 루트비히 페르디난트 폰 헬름홀츠[Hermann Ludwig Ferdinand von Helmholtz, 1821~1894]는 생리학과 물리학 모두에서 매우 큰 업적을 남겼다. 생리학 분야에서는 특히 인간의 감각과 인지의 관계를 규명하는 데 관심이 많았는데 주요 업적으로는 청각 연구, 검안기 발명, 신경전달 속력 측정 등이 있다. 물리학 분야에서는 음향학, 유체역학, 전자기학에 걸쳐서 수학적으로 영감이 넘치는 작업들을 했는데 널리 알려진 업적으로는 헬름홀츠 방정식과 헬름홀츠 정리가 있다. 벡터장을 공부하는 이공계 학생이라면 한번쯤은 들어봤을 것이다. 이처럼 생리학과 물리학을 넘나든 독특한 그의 이력이 에너지보존법칙을 선명하게 다듬어서 열역학 제1법칙 정식화라는 대업을 이루는 데 영향을 끼쳤을지도 모를 일이다.

1847년의 저작《힘의 보존에 관하여 On the Conservation of Force, 독일어 Über die Erhaltung der Kraft》에서 헬름홀츠는 당시 알려진 물리학의 굵직한 주요 현상들을 다루면서 역학적 퍼텐셜에너지, 역학적 에너지 보존, '열'과 일의 관계, 전기적 퍼텐셜에너지, 도체의 줄 발열, 열전 현상의 기전력, 전자기 유도 회로에서의 에너지의 관계 등을 오늘날의 방식으로 수학적으로 정식화했다. 또한 에너지 보존의 관점에서 물리학의 이론적 체계를 조직적으로 세우는 과정을 세세하게 제시하였다. 헬름홀츠 역시 energy라는 용어 대신 독일어 kraft(영어 force)를 사용했다. 오늘날의 force에 대응하는 용어로는 intensity of force를 사용하였다. 앞서 언급한 이론물리학적 작업을 마친 헬름홀츠는 이 저작의 말미에 식물의 광합성과 동물의 물질대사에 대한 에너지

보존적 관점을 요약하였다. 그리고 자신감 넘치는 어조의 다음 문장으로 저작을 끝맺는다. "이 연구의 목적은 물리학자들에게 ^(에너지보존)법칙의 이론적·실용적 중요성을 가능한 한 충분히 제시하는 것이었고, 이 법칙의 확증은 앞으로 자연철학의 으뜸가는^{principal} 과제 중 하나로 간주되어야 한다." 일반적으로 헬름홀츠의 이 저작을 기점으로 물리학계에서 에너지보존법칙을 학계의 정식적 패러다임으로 받아들였다고 본다.

마침내 인류는 에너지 개념과 에너지 보존 개념을 물리학적으로 정확하게 인식하고 다룰 수 있게 되었다. 이는 물리학, 화학, 생명과학 현상 모두를 아우르면서 또한 어떤 규모의 어떤 복잡한 현상에도 적용되는 극도로 보편적이고 구체적인 자연의 본질을 밝힌 것이라고 표현해도 과언이 아니다. 자연과학의 발전 역사에서 모든 발전은 직접적이든 간접적이든 철저히 협업의 결과일 수밖에 없다. 특히 에너지보존법칙이 확립되는 과정을 돌아보면 철학자, 과학자, 공학자, 기술자, 수학자 모두가 총출동하여 분야를 뛰어넘어 인류의 지적 정수를 구성하는 과학기술계의 대업이자 인류사적 대업을 이룩하는 과정이었다는 감상을 지울 수 없다.

에너지는 그 자체는 물질이 아니지만 생명현상을 포함한 우주의 모든 현상에 수반되는 양이면서, 활동적 양상으로 드러나 있건 잠재적 양상으로 숨겨져 있건 전체 양은 언제나 보존되고 현상에 따라 드러나거나 저장되는 형태만 변환되는 그 무엇이라고 할 수 있다. 에너지의 형태는 다루어지는 사물 또는 현상에 맞추어 늘 적절히 정량적으로 정의되어왔다. 과학 발전에 따라 자연에 대한 이해가 새로워지면 에너지 역시 새로운 형태나 식으로 확장 및 개선되며, 에너지보존법칙은 오늘날까지 성공적으로 자연법칙의 지위를 유지하고 있다. 어쩌면 잠정적으로 모든 현상의 근원이라고 불러도 좋을 정도라고 할 수도 있다.

에너지라는 개념은 실용적 측면에서는 말할 것도 없고 추상적인 이론물리학에서도 여전히 매우 중요한 역할을 담당하고 있다. 에너지 보존에 관해 논할 때는 필연적으로 에너지로서 산출된 양을 비교하므로 계system의 변화, 즉 시간과 밀접한 관련이 있다. 현대 이론물리학에서는 이러한 관계성을 수학적으로 정식화하여 논한다. 또한 에너지는 물질현상을 넘어서 일반상대론의 시공간 구조와도 밀접한 연관이 있다.

현상의 변화와 역동성의 바탕으로 에너지를 본다면 '에너지'와 '힘'의 개념적 차이는 무엇일까? '에너지'는 추상 개념이고 '힘'은 비교적 직접적으로 느껴지는 양일까? 하지만 사실 '힘'의 개념 역시 매우 추상적이며, 혹자는 어쩌면 '에너지'보다도 훨씬 더 추상적이라고 주장할 수도 있다. 따라서 현실적으로는 각각의 개념을 구체적으로 어떤 상황에서 어떻게 사용하는지를 실용적 관점에서 논의하는 것이 효과적이다. 실제로 대부분의 교과서는 이러한 접근을 취한다. '에너지'와 '힘'이 사용되는 기조를 거칠게 요약하면 '에너지'는 현상의 잠재성과 역동성의 가능성에 맞추어 변화에 수반되는 것이고 '힘'은 그러한 변화의 메커니즘 혹은 구체적 실현 방법에 가깝다. 때때로 변화의 메커니즘에는 '힘' 개념 외에 '상호작용'과 '상태' 개념이 필요하다.

예를 들어 인공위성을 달 궤도에 올릴 때 어느 정도의 에너지가 필요한지 산출하는 것만으로는 어떻게 그 궤도에 구체적으로 올릴 것인지를 해결할 수 없다. 궤도에 올리기 위한 연속적인 중간 과정에서 힘과 돌림힘을 조정할 방법에 대한 고민이 필요하다. 또 다른 예로 $E = \Delta mc^2$

식으로부터 질량 변화에서 얻을 수 있는 에너지를 산출하는 것만으로는 그러한 에너지를 실제로 얻을 수 있는지를 알 수 없다. 그러한 질량 변화가 가능한 구체적 메커니즘으로서 핵자들의 '결합 상태'가 변화하도록 중간 과정들을 유도하고 조정할 방법을 알아내야 한다.

하지만 이러한 예시로부터 에너지라는 개념을 과소평가해서는 곤란하다. 에너지는 역으로 메커니즘에 집중하여 규명하기 어려운 현상이나 상황에서도 실마리를 제공하는 훌륭한 안내자 역할을 하기 때문이다. 특히 양자역학에서는 계의 에너지를 알아냄으로써 '상태'를 파악해가는 접근 방식이 널리 사용되고 있다.

화학은 물질과 이들의 변화 및 반응을 다루는 학문이다. 에너지와 화학반응은 밀접한 관련이 있다. 화학반응은 물질들이 반응하여 원자나 분자가 재배열되어 새로운 물질을 만드는 과정이다. 이때 반응하는 물질과 생성되는 물질의 에너지가 다르므로 에너지 변화가 필연적으로 수반된다. 화학반응 과정에서 계가 주위surrounding로 열을 방출하는 반응을 발열반응exothermic reaction이라고 한다. 화학결합에 저장된 일부의 퍼텐셜에너지potential energy는 열로 바뀌어 나타난다. 역으로 생성물을 얻기 위해 계가 주위로부터 열을 흡수해야 하는 반응을 흡열반응endothermic reaction이라고 한다. 이때 비커나 시험관 등의 반응 용기에서 반응이 진행된다면 반응계는 반응 용기와 그 안의 물질이 되고, 주위는 계를 제외한 나머지 부분으로 열원, 공기, 실험실 등이 될 수 있다.

화학반응을 위해 열, 빛 혹은 전기 등의 에너지를 제공하므로 대부분의 화학반응을 흡열반응으로 생각할 수 있는데 그렇지 않다. 화학반응을 위해 에너지를 가하는 것은 반응의 활성화 에너지 장벽을 극복하기 위해 최소한의 활성화 에너지를 제공한다는 뜻이다. 자발적 반응일지라도 열 또는 빛 에너지와 같은 에너지를 제공함으로써 반응물의 분자운동을 증가시켜 반응 가능성을 높이고 반응물 자체의 에너지도 높인다. 새로운 물질을 합성할 때는 에너지가 사용된다. 이러한 물질의 합성에 사용되는 에너지는 주로 열이지만 자외선 등의 광 에너지, 전기에너지, 기계적 에너지 등도 사용된다.

　　열은 화학반응을 가능하게 하는 가장 흔한 에너지원이며, 알코올램프, 핫플레이트, 합성 오븐synthetic oven, 퍼니스furnace 등을 통해 공급할 수 있다. 많은 화학반응이 용액 상태에서 일어나므로 요즘은 시간을 절약할 수 있는 마이크로웨이브microwave 방법도 많이 사용한다. 마이크로웨이브 반응기는 물 및 극성 용매가 마이크로웨이브 전자기파를 흡수하고 진동 및 회전하여 열로 변환되는 원리를 이용한다.

팝콘을 핫플레이트와 마이크로웨이브에서 가열하면 에너지원에 따른 효과적인 반응이 무엇인지 알 수 있을 것이다. 팝콘은 옥수수 알갱이 껍질 안에 갇혀 있는 약 14%의 물의 증기압에 의해 만들어진다. 알갱이 내부의 수분이 100℃ 이상에서 끓기 시작하여 생성된 증기압이 9.2~13.6atm$^{(기압)}$에 이르면 알갱이의 외피가 견딜 수 있는 한계를 초과하여 팡 소리를 내며 터진다. 열전달 시 에너지가 많이 손실되는 핫플레이트에서는 옥수수 알갱이 외피가 터지는 온도인 180℃ 이상이 되어도 팝콘이 제대로 만들어지지 않지만, 마이크로웨이브에서는 대부분의 알갱이가 효율적으로 팝콘이 된다. 그 이유는 마이크로웨이브의 주파수 2.45GHz가 음식 내부 물 분자의 회전 에너지$^{rotational energy}$ 준위와 매우 잘 맞아 물 분자에 효율적으로 에너지를 전달할 수 있기 때문이다. 이렇게 잘 반응하도록 만들기 위해서는 반응물에 맞는 적당한 에너지원을 찾아야 한다.

또한 자외선 파장 영역의 에너지를 이용한 화학반응도 흔히 사용되며, 가시광선을 이용한 반응도 많이 연구되고 있다. 기계적 에너지를 이용한 반응에는 볼밀$^{ball mill}$ 반응도 있다. 볼밀 반응에서는 회전하는 실린더 안에 여러 개의 단단한 금속 또는 세라믹 공과 반응물을 함께 넣고 회전시킨다. 이때 공이 반응물과 충돌하면서 충돌, 마찰, 전단력 같은 물리적 힘이 화학반응의 촉진제 역할을 한다. 이 고체 상태 반응은 금속 산화물, 고엔트로피 합금 등 다양한 소재를 만드는 데 활용된다.

화학반응 중 발열반응의 대표적인 예는 화학연료의 연소 반응이다. 화학연료는 산소와 반응하여 이산화탄소, 물 및 열을 낸다. 연료의 화학적 에너지는 주로 연료를 구성하는 탄소와 수소 원자 사이의 화학결합에 저장된다. 연소 과정에서 이 결합이 끊어지고 새로운 결합이 형성될 때 에너지가 방출된다. 새로 생성된 이산화탄소와 물은 반응물인 연료 분자보다 에너지 상태가 낮기 때문에 반응물과 생성물의 에너지 차이만큼의 에너지가 계로부터 주변 환경으로 방출된다. 수소와 산소가 만나 물을 형성하는 반응 또한 자발적이며, 이 과정에 수반되는 자유에너지 감소 현상은 연료전지를 작동하여 전기를 생산하는 데 활용할 수 있다. 그 역반응인 물이 분해되어 수소와 산소로 나뉘는 반응은 비자발적이지만, 전기에너지를 가하여 화학반응을 일으킬 수 있다. 이것이 물의 전기

분해이다. 화학반응으로 방출된 에너지는 열, 전기 혹은 기계적 에너지 형태로 사용하기도 하고, 역으로 다른 형태의 에너지를 화학반응의 에너지로 사용하기도 한다.

화학반응으로 생성된 에너지는 난방 외에도 자동차, 비행기, 배 등에 활용하기도 한다. 화학반응으로 생성되는 에너지를 효율적으로 활용하기 위해서는 이들 에너지의 양을 정확히 알아야 한다. 이를 위해 정의된 특별한 에너지 함수가 엔탈피다. 일정 압력 조건하에서 엔탈피 변화는 그 반응에 대한 반응열이 된다. 엔탈피는 상태함수로서 반응의 경로와 상관없이 정의된다. 즉, 반응물이 특정 생성물로 변환될 때 엔탈피 변화는 반응이 1단계로 일어나든 여러 단계로 일어나든 상관없이 일정하다. 예를 들어 이산화질소를 만드는 반응에서 질소 기체와 산소 기체가 반응하여 대기오염 물질인 이산화질소^{NO_2}를 만드는 1단계 반응의 엔탈피 변화$^{\Delta H_1}$는 질소^{N_2} 기체와 산소^{O_2} 기체가 반응하여 일산화질소^{NO}를 생성한 후$^{\Delta H_2}$, 생성된 일산화질소가 다시 산소와 반응하여 이산화질소를 만드는 2단계 반응$^{\Delta H_3}$의 합과 동일한 엔탈피 변화를 갖는다 $^{\Delta H_1 = \Delta H_2 + \Delta H_3}$. 이 법칙은 헤스의 법칙$^{\text{Hess' law}}$으로 알려져 있으

며, 화학반응에 수반되는 열량을 측정하는 장치인 열량
계calorimeter로 직접 측정하기 어려운 반응의 열을 계산할
수 있다.

정리하면, 물질은 에너지를 흡수할 수도 있고 방출
할 수도 있다. 물질이 흡수하는 에너지의 크기에 따라 상
태 변화를 할 수도 있고 화학반응을 할 수도 있으며 분자
내에서 에너지 상태 변화를 일으킬 수도 있다. 또한 에너
지의 흡수는 분자 내 전자의 에너지 상태 변화를 야기할
수 있다. 흡수된 에너지의 크기에 따라 전자는 한 에너지
준위에서 다른 에너지 준위로 전이transition할 수 있다. 이는
분광학에서 중요한 현상으로, 물질이 특정 파장의 빛 에
너지를 흡수, 반사 및 산란하는 원리를 통해 물질의 특성
을 분석할 수 있다. 라디오 주파수Radio Frequency, RF, 적외선
Infrared, IR, 자외선Ultravioloet, UV 영역에 따른 전자기파의 에너지
흡수를 통해 물질의 특성을 분석하는 학문을 각각 핵자
기공명NMR분광학, 진동분광학, 전자분광학이라 한다. 이
러한 분광분석법을 활용하면 생성물의 구조를 분석할 수
있다. 엑스선회절 패턴X-ray diffraction pattern을 분석하여 결정
질 물질crystalline material의 구조를 분석하는 엑스선회절 분석

법^{XRD}도 많이 사용되고 있다.

앞에서 설명한 바와 같이 분자가 에너지를 흡수하면 진동^{vibration} 및 회전 상태^{rotation state} 에너지가 변할 수 있다. 전자레인지는 물 분자의 회전 에너지를 활용한 것이다. 마이크로파의 전기장이 변화하여 극성분자^{polar molecule}인 물 분자가 회전하면 분자 간 충돌을 야기하여 열을 발생시키므로 음식을 데우는 데 사용할 수 있다. 그렇다면 무극성분자인 이산화탄소로 만들어진 드라이아이스를 전자레인지에 넣으면 어떤 일이 발생할까? 아무 일도 일어나지 않는다. 물론 드라이아이스가 실온에서 쉽게 기화하여 많은 이산화탄소 기체가 발생하면 폐쇄된 환경에서 압력을 급격히 증가시킬 수 있어 위험하니 실험하는 것을 권하지는 않는다.

결론적으로, 에너지는 화학변화의 근본적 원동력으로서 새로운 화학 생성물을 형성하고 물질의 상태 변화에 중요한 역할을 한다. 또한 에너지의 흡수 및 방출은 분자의 진동과 회전 상태를 변화시키므로 그 구조와 성질을 규명하는 데 사용할 수 있다.

우리가 화학반응을 통해 사용하는 주요 에너지 원료에는 석유, 석탄, 천연가스, 바이오매스 등이 있다. 유기체가 죽어서 묻혀 있는 동안 자연적 과정을 거쳐 형성된 석유는 가솔린과 천연가스의 공급원으로 사용되고 있다. 석유는 자연적으로 생성되는 양보다 인간이 소모하는 양이 더 많기 때문에 빠르게 소모되고 있다. 또한 천연가스의 주성분인 메테인methane은 주요 화석연료지만, 대기에 존재하는 온실가스로서 태양으로부터 오는 열을 흡수하여 대기의 온도 상승을 유발하며 환경의 균형을 깨는 주범이기도 하다. 때문에 화석연료보다 태양에너지 및 풍력발전 같은 새로운 대체 에너지원을 시급히 개발할 필요가 있으므로 재생에너지가 화학 분야에서 많이 연구되고 있다.

2

엔트로피

화학반응의 자발성

깁스 자유에너지

비가역적 irreversible
열역학 제2법칙 second law of thermodynamics
고립계 isolated system
빅뱅 big bang
핵 합성 nucleosynthesis
우주배경복사 cosmic microwave background radiation
자유팽창 free expansion
열평형 thermal equilibrium
거시상태 macrostate
미시상태 microstate
볼츠만상수 Boltzmann constant
플랑크상수 Planck constant
중력 gravity
2단계 상자성계 two level paramagnet system

진동 모드 vibration mode
신축 진동 stretching vibration
휘어짐 진동 bending vibration
대칭 스트레칭 symmetric stretching
비대칭 스트레칭 asymetric stretching
자발성 spontaneity
깁스 자유에너지 Gibbs free energy
깁스-헬름홀츠 방정식 Gibbs-Helmholtz equation
화학평형 chemical equilibrium
활성화 에너지 activation energy
킬레이트 chelate
착물 complex
EDTA Ethylenediamine Triacetic Acid
반응속도론 chemical reaction kinetics

항상성 homeostasis
ATP(아데노신 삼인산) Adenosine Triphosphate

인위적인 작업을 하지 않은 자연 상태에서는 열이 뜨거운 물체에서 차가운 물체로 자발적으로 발생하며, 그 반대 방향으로 열이 자발적으로 이동하는 현상은 볼 수 없다. 이러한 에너지 이동의 경향성을 비가역적이라고 일컫는다. 이 경향성이 일관되고 보편적으로 관찰되므로 물리학에서는 열역학 제2법칙으로 정립하여 중요하게 받아들이고 있다.

열역학 제2법칙은 고립계$^{\text{isolated system}}$ 내부의 비평형 상태에서 평형상태에 이르는 열적 과정에서 계의 전체 열적 엔트로피$^{\text{thermal entropy}}$양이 증가한다는 법칙이다. 계의 무질서도는 항상 증가하는 방향으로 변화한다는 식으로 대중적으로 많이 인용되며, 오직 그 양이 증가한다는 특징 때문에 엔트로피적 시간의 방향성과도 관련되어 논의될 때가 있다.

엔트로피는 에너지와 혼동되는 경우가 많은데, 특히 '계의 무질서한 정도'를 임의적으로 해석할 때 그러하다. 예를 들어 뜨거운 물체의 원자들의 운동이 차가운 물체의 원자들의 운동보다 무질서할 것이기 때문에 뜨거운 물체가 차가운 물체보다 엔트로피가 높다고 오해하기 쉽다. 과연 뜨거운 물체의 엔트로피는 높고 차가운 물체의 엔트로피는 낮은 것일까?

현대의 빅뱅 우주론에 따르면 빅뱅 직후 1초 정도의 시간이 흐른 뒤 우주의 초기 핵 합성[nucleosynthesis]이 이루어졌는데, 이때 우주의 온도는 대략 10^{10}K였다. 오늘날 우주의 온도라고 할 수 있는 우주배경복사의 온도 2.7K와 비교하면 우주 초기는 상상 불가능한 수준으로 뜨거운 상태였다. 즉, 우주는 빅뱅 이래로 지속적으로 차갑게 식어왔다. 만약 차가운 물체의 엔트로피가 낮은 것이라면 우주 진화의 과정은 엔트로피 증가 법칙을 따르지 않는 것일까? 태양처럼 매우 뜨거운 항성들이 우주 전체의 엔트로피를 증가시키는 것이 아닐까 하고 생각할 수도 있지만, 항성들이 우주 전체를 빈틈없이 채우고 있지 않고, 설사 항성들로 우주가 가득 차 있더라도 존재하는 가장 뜨거운 항성들의 중심부 온도는 약 10^9K 수준으로 여전히 우주 초기 온도보다는 낮다. 우리 태양의 중심부 온도는 약 10^7K 수준으로 추산된다.

열역학적 엔트로피의 증가를 식으로 쓰면 $dS \geq (\delta Q/T)$이다. 'dS'는 계 또는 물질의 엔트로피 미소 변화량, 'δQ'는 열의 미소 출입량, 'T'는 계 또는 물질의 절대온도이다. 이 식의 의미는 계의 열 출입이 계의 엔트로피 변화와 밀접한 연관이 있고, 계에 열이 주입되면 엔트로피가 증가한다는 것과 일맥상통한다.

하지만 열을 수반하지 않고도[즉, $\delta Q = 0$] 계의 엔트로피가 증가하는 경우가 있는데 자유팽창이 대표적이다. 단열되어 있는 텅 빈 상자 가운데에 가림막을 설치하고 상자 왼편에 이상기체를 준비하여 열평형상태에 이르게 한다. 그 후 상자 가운데의 가림막을 제거하고 이상기체가 새로운 열평형상태에 이를 때까지 기다린다. 이러한 과정을 자유팽창free expansion 과정이라 한다. 외부에서의 열 출입과 일의 출입이 없기 때문에 내부 에너지와 온도가 변화하지 않지만 이상기체의 엔트로피는 증가한다. 이 경우는 열 현상 없이 엔트로피가 증가하는 것이므로 열역학적 엔트로피의 정의만으로는 이 현상의 경향성을 설명하기 곤란하다.

원자론은 계, 특히 물질을 미시적 구성 입자들의 집합으로 접근함으로써 물질의 거시적인 물리적 특성을 미시적 입자들의 운동과 배열로 이해할 수 있게 해준다. 여기서 계의 겉보기 상태(혹은 거시적 상태)는 계를 구성하는 미시적 구성 입자들 각각의 운동 상태가 다르더라도 동일할 수 있다는 점이 중요하다. 예를 들어 대기압에서 아르곤 기체 1L의 온도가 300K라면 기체 전체의 에너지는, 이 기체를 단원자 이상기체로 봤을 때 약 152J이다. 만약 동일한 아르곤 기체 2세트를 준비했다면 각 세트의 아르곤 원자들의 미시적 운동 상태가 전혀 다르더라도 각 세트의 전체 에너지는 정확히 동일하다.

그렇다면 여기서 아르곤 원자들의 미시적 운동 상태의 가능한 경우들을 따져볼 수 있다. 예를 들어 아르곤 원자 하나가 계의 모든 에너지를 가지고 있고 나머지 원자들은 모두 정지해 있는 경우, 아르곤 원자 2개가 계의 모든 에너지를 가지고 있고 나머지 원자들은 모두 정지해 있는 경우를 생각할 수 있다. 이때 아르곤 원자 2개가 에너지를 어떻게 나누어 가지고 있는지도 조합에서 고려해야 한다. 이렇게 가능한 모든 조합을 생각할 수 있다. 주어진 거시상태macrostate에 대해 가능한 미시상태microstate들의 모든 조합을 고려했을 때 이 조합의 개수가 바로 통계물리학적 엔트로피와 비례한다. 이 식은 물리학자 루트비히 에두아르트 볼츠만Ludwig Eduard Boltzmann, 1844~1906의 묘비명에 기록되어 있다.

$$S = k_B \ln \Omega$$

여기서 'S'는 계의 엔트로피, '$k_B \approx 1.38 \times 10^{-23} \text{J/K}$'는 볼츠만상수, '$\Omega$'는 거시상태에 대응되는 가능한 미시상태의 개수이다. 위 식을 열역학 제2법칙과 연관 지어 해석하면 동일한 거시상태를 주는 미시상태의 개수가 가장 많은 거시상태가 엔트로피가 높은 상태이고, 자연은 이러한 상태를 향해 나아가면서 거시적 열평형상태에 도달한다는 것이다.

뜨거운 물체와 차가운 물체가 같이 있는 계가 있을 때 각각의 물체가 온도를 그대로 유지하거나 혹은 차가운 물체가 더 차가워지면서 뜨거운 물체가 더 뜨거워지는 경우보다 뜨거운 물체와 차가운 물체의 온도가 유사해지는 것이, 계의 전체 에너지는 3가지 경우 모두 동일함에도, 계의 구성 원자들의 미시적 에너지 분포의 방법의 개수가 압도적으로[대략 구성 원자들 개수의 지수승만큼] 많다. 요약하면, 가능한 미시상태들의 조합의 개수를 따지는 것이 통계물리학적 엔트로피를 통한 열의 자발성을 설명하는 방식이다. 즉, 그렇게 일어날 수 있는 방법의 수가 그렇지 않은 수보다 압도적으로 많다는 것이다.

그렇다면 엔트로피와 무질서도는 무슨 관련이 있을까? 앞서 언급했듯이 엔트로피 증가를 단순히 모든 것이 무질서해진다고 이해하면 오개념을 낳을 수 있다. 에너지가 높은 상태의 물체와 에너지가 낮은 상태의 물체가 에너지 평형을 이루면서 에너지가 높은 상태의 물체가 에너지를 잃을 때 지역적으로 물체의 무질서도가 감소할 수 있기 때문이다. 또한 2단계 상자성 계two level paramagnet system와 같은 경우 에너지가 계에 주입될 때 계의 미시상태가

공간적으로 더 정렬된다고 볼 수 있는(즉, 엔트로피가 감소하는) 경우
도 발생한다. 이 경우에도 '질서 vs. 무질서' 관점보다 미
시상태의 가능한 조합의 개수로 이해하는 것이 정확하다.

'미시상태의 가능한 조합의 개수'는 온도가 높은 초
기 우주가 온도가 낮은 현재의 우주보다 엔트로피가 낮
은 상태였다는 것을 이해하는 열쇠가 된다. 우주적 규모
의 물질 분포는 질량의 양이 매우 크기 때문에 실험실의
이상기체에서 흔히 무시하는 것과는 반대로 중력의 영향
을 무시할 수 없다. 그런데 일단 중력을 고려하면 중력의
영향하에서는 지역적으로 입자들이 뭉치는 상태가 공간
에 입자들이 고르게 퍼져 있는 상태보다 경우의 수가 더
크다. 즉, 가능한 조합의 개수가 더 많은 상태이다. 하지
만 빅뱅 직후 우리 우주의 초기에는 입자들이 매우 균일
하게(그리고 뜨겁게) 전 우주를 채우고 있었다. 즉, 중력의 영향
하에서는 일어날 가능성이 낮은 상태에 있었고, 이 때문
에 우주 초기의 엔트로피가 낮게 산출된다.

　　화학자가 화학반응을 실험하기 전에 어떤 특정 조건에서 반응이 일어날 수 있는지를 예측하는 것은 매우 중요한 일이다. 우리 주위에서 쉽게 관찰할 수 있는 잉크가 퍼지는 과정, 드라이아이스(고체 이산화탄소)가 승화하는 과정, 고체가 녹는 과정, 낮은 압력의 영역으로 기체가 확산하는 과정 등은 모두 자발적으로 일어나는 반응이다. 이러한 반응의 자발성을 결정하는 중요한 열역학적 수치 중 하나가 엔트로피이다.

　　엔트로피는 무질서도를 나타내는 척도이다. 분자나 입자들의 위치나 운동량 등에서 얼마나 다른 방식으로 배열될 수 있는지를 상태 수로 나타낸다. 엔트로피가 높다는 것은 입자들의 위치와 운동량이 더 많은 다양한 미시상태를 가질 수 있으며, 가질 수 있는 상태 수, 즉 무질서도가 크다는 뜻이다. 계의 제한constraint을 풀수록 엔트로피는 증가한다. 예를 들어 기체가 작은 용기에 있다가 뚜껑이 열려서 더 넓은 공간으로 확산할 수 있으면 엔트로피가 증가한다.

입자 움직임의 관점에서 설명하면 고체 상태 입자들은 서로 묶여 정렬된 형태를 띠므로 진동 에너지만 나타낼 수 있다. 따라서 액체에 비해 엔트로피가 낮다. 액체 상태에서는 입자들의 거리가 고체에 비해 멀어지고 자유로워진다. 액체는 기체에 비해 자유도가 작지만, 입자들의 진동운동, 회전운동, 병진운동으로 인해 고체에 비해 가능한 상태 수가 많아진다. 얼음이 물로 녹고 물이 다시 수증기가 되는 반응은 자유도, 즉 엔트로피가 높아지는 방향으로 자발적으로 이동한다.

또한 입자의 분자량이 커질수록 다양한 방식으로 배열될 수 있는 상태 수가 많아지므로 무질서도는 커진다. 분자의 진동 모드vibration mode의 개수는 분자를 이루는 원자 수에 비례하며 각 결합의 신축 진동stretching vibration, 휘어짐 진동bending vibration 등도 모두 분자들의 가능한 미시상태 수에 속한다. 분자의 진동 모드 수를 계산하는 것은 구조와 복합성에 달라지지만, 진동 모드를 계산하는 기본 공식은 비선형 분자의 진동 모드의 수는 (3n-6)이고 선형 분자의 진동 모드 수는 (3n-5)이며, 여기서 'n'은 분자 내 원자의 수이다. 예를 들어 이산화탄소CO_2 분자는 선형 분자이며 원자 총수가 3개이므로 진동 모드 개수는 4개이다. 첫 번째 진동 모드는 말단의 두 산소 원자가 중앙의 탄소 원자로부터 동시에 가까워졌다 멀어지는 움직임을 뜻하는데, 이를 대칭 스트레칭symmetric stretching이라고 부른다. 비대칭 스트레칭asymetric stretching은 분자의 한쪽이 다른 쪽보다 길거나 짧아지는 움직임을 뜻한다. 이산화탄소의 진동 모드는 굽힘 모드 2개가 더 존재한다.

반응의 자발성 여부를 결정하는 열역학 제2법칙에 따르면 우주 전체의 엔트로피가 증가해야 한다. 즉, 자발적 과정에는 계와 주위 모두의 엔트로피의 알짜 증가가 있어야 한다. 전체 엔트로피 변화량은 계의 엔트로피 변화량과 주위의 엔트로피 변화량의 합이다. 화학반응에서 계의 엔트로피 변화량은 비교적 쉽게 계산할 수 있지만, 주위의 엔트로피 변화량을 계산하는 것은 복잡하다. 따라서 주위의 엔트로피 변화량을 계와 관계된 식으로 바꿀 수 있으면 쉽게 접근할 수 있다.

먼저 가역적 반응에서 주위$^{(열원 및 기타)}$에서 얻은 열은 곧 계가 잃은 에너지와 같다고 할 수 있다. 이 과정이 일정 압력에서 일어난다면, 주위의 열을 계의 엔탈피 변화량의 음의 값으로 표현할 수 있다.

$$\Delta Q_{(주위)} = -\Delta H_{(계)}$$

주위의 엔트로피 변화량은 계의 엔탈피 변화량의 음의 값을 주위 온도로 나눈 것이다.

$$\Delta S_{(주위)} = -\Delta H_{(계)}/T_{(주위)}$$

주위 온도는 곧 계의 온도이므로 엔트로피를 정의하는 식을 계만 관계되는 식으로 정리할 수 있다.

$$\Delta S_{(전체)} = \Delta S_{(계)} - \Delta H_{(계)}/T$$

이 식의 양변에 $-T$를 곱하여

$$-T\Delta S_{(전체)} = \Delta H_{(계)} - T\Delta S_{(계)} = \Delta G$$

새로운 열역학적 양인 깁스 자유에너지 Gibbs free energy 로 정의한다. 열역학 제2법칙에 따라서 우주의 전체 열역학적 엔트로피 변화가 양수이면 자발적인 과정이므로 $\Delta S^{(전체)} = \Delta S^{(계)} + \Delta S^{(주위)} > 0$, 전체 엔트로피 변화량에 음의 온도 곱값을 가지는 계의 깁스 자유에너지$^{(\Delta G = -T\Delta S(전체))}$는 음의 값을 가질 때 자발적인 과정이 된다.

깁스 자유에너지를 정의하는 깁스-헬름홀츠 방정식 Gibbs-Helmholtz equation($\Delta G = \Delta H - T\Delta S$)은 예일대학교 수리물리 교수였던 조사이아 윌러드 깁스 Josiah Willard Gibbs, 1839~1903가 정리했다. 화학평형, 상평형 phase equilibrium, 전지에서 에너지 변화량 등을 예측할 수 있게 하는 화학 열역학에서 가장 중요한 식이다. 깁스 자유에너지가 음의 값이 되면 반응은 자발적이고, 양의 값이면 비자발적, 0이면 화학평형이 된다. 화학평형 chemical equilibrium은 생성물을 형성하는 정반응과 반응물로 돌아가는 역반응의 속도가 동일하여 반응물과 생성물의 농도가 시간에 따라 일정하게 유지되는 상태를 말한다.

그렇다면 깁스 자유에너지가 음이 되면 모든 반응이

즉시 일어날까? 아니다. 반응이 특정한 조건에서 깁스 자유에너지가 음이 된다는 의미는 결국 저절로 일어나는 반응이라는 뜻이지만, 그 반응 시간은 장담할 수 없다. 예를 들어 다이아몬드가 흑연이 되는 과정은 깁스 자유에너지가 음이 되는 과정으로 자발적인 과정이다. 그렇다면 우리는 비싼 다이아몬드를 사놓고 값싼 흑연으로 변할까 봐 전전긍긍해야 할까? 안심해도 된다. 다이아몬드가 흑연이 되는 과정은 극히 느리게 진행되기 때문이다. 이 반응은 고온고압반응에서 가속화되고 매우 높은 활성화 에너지가 요구되므로 흑연이 되는 과정은 수백 또는 수천 년이 걸릴지도 모른다. 이렇게 반응에는 자발성 외에도 반응속도론적 관점도 추가로 고려해야 한다.

앞에서 언급했듯이, 반응의 자발성에 영향을 미치는 2개의 열역학량, 엔탈피 변화량과 엔트로피 변화량을 합하여 새로운 양으로 깁스 자유에너지$(\Delta G = \Delta H - T\Delta S)$를 정의하였다. 즉, 화학반응에서 엔트로피 변화량, 엔탈피 변화량, 온도를 알면 그 반응의 자발성 spontaneity을 예측할 수 있다. 예를 들어 질소와 수소가 반응하여 암모니아를 형성하는 반응에 대한 자발성을 예측해보자. 계의 엔트로피 변화를 예측하려면 반응식을 일단 고려해야 한다.

$$N_2(g) + 3H_2(g) \rightleftarrows 2NH_3(g)$$

반응물과 생성물이 모두 기체인 경우 엔트로피 변화는 반응물과 생성물의 입자 수를 비교하면 알 수 있다. 반응물은 질소 분자 1개와 수소 분자 3개로 총 4개이고, 생성물은 암모니아 분자 2개가 된다. 반응의 결과, 계에 있는 분자 수는 줄어들고 이는 엔트로피 감소를 의미한다 $^{(\Delta S<0)}$. 그러나 암모니아 합성은 표준 상태인 25℃, 1atm에서 자발적인 반응이다. 이는 암모니아 합성이 발열반응$^{(\Delta H<0)}$이므로 주위에 열을 방출하여 주위의 엔트로피가 증가하는데, 계의 엔트로피 감소보다 주위의 엔트로피 증가량이 커서 전체 엔트로피가 증가하므로 자발적인 반응이 된다. 자발적인 반응이라면 위 반응은 무조건 일어날까? 그렇지 않다. 암모니아를 형성하는 반응도 엔트로피가 증가하는 반응이지만, 상온에서 일어나기 쉽지 않다. 이 반응의 활성화 에너지 장벽^{activation energy barrier}이 높기 때문에 상온에서 일어나기는 어렵다. 엔트로피 변화를 알면 반응이 일어날지 예측할 수는 있지만 그 외에도 이처럼 고려해야 할 요소가 있다. 여하튼 자발적인 반응의 역반응은 외부의 에너지 투입이 없으면 저절로 일어날 수 없다는 사실은 중요한 정보다. 적어도 특정 조건에서 반응이 일어날 수 없다는 정보를 얻는다면 에너지를 가하여 반응이 일어날 수 있게 시도할 수 있다. 물의 전기분해 반응처럼 말이다.

화학반응에서 엔트로피의 영향을 더 잘 알 수 있는 예시를 살펴보자. 식품이나 화장품의 구성 성분을 본 적이 있다면 보존제로 EDTA^{Ethylenediamine Triacetic Acid}를 사용한다는 것을 발견한 경험이 있을 것이다. EDTA는 6개의 결합 자리^(작용기|functional group)가 있는 유기 리간드이며, 이와 같이 2개 이상의 결합 자리를 가진 리간드를 '게의 집게발'이라는 어원에 기인하여 킬레이트^{chelate}라 부른다. 킬레이트는 다양한 금속이온과 안정한 착물^{complex}을 형성하여 금속이온을 제거한다. 식품 속 미량의 금속이온도 산패 속도를 가속화하는 촉매로 충분히 작용할 수 있기 때문에 이를 제거하는 것이 식품을 오래 보존하는 데 매우 중요하다. 또한 혈관 질환 개선을 위해 EDTA 주사가 활용된다. 가끔은 혈액 청소라고 광고하며 영양 주사처럼 인

식되는 경우도 있다. 일반적으로 납, 수은, 카드뮴 중금속 중독 치료에 활용되는데, 요즘은 생선이나 조류 등의 중금속 수치가 높아짐에 따라 혈액 내 중금속 수치를 우려하여 맞는 경우가 있다. 그러나 EDTA는 중금속뿐만 아니라 몸에 필요한 필수 미네랄인 마그네슘과 아연과도 결합하여 제거할 수 있기 때문에 EDTA 주사는 전문적인 의료 상담 후에 맞아야 한다. 몸에 미네랄이 과해서는 안 되지만 부족하면 눈 떨림, 근육 경련 등의 증상이 나타나기도 한다.

EDTA를 언급하는 이유는 이러한 킬레이트 효과에 대한 엔트로피의 기여를 설명하기 쉽기 때문이다. 예를 들어 식품 속 마그네슘 이온과 EDTA의 반응$^{(Mg^{2+}(aq)+[EDTA]^{4-} \rightleftharpoons [Mg(EDTA)]^{2-})}$은 엔탈피 관점에서는 선호되지 않는 반응이지만, 엔트로피 관점에서 매우 선호되는 반응이므로 이 반응은 엔트로피의 기여로 결국 자발적으로 일어난다. 실온 25°C$^{(절대온도\ 298K)}$에서 앞의 반응의 엔탈피 변화량은 13.8kJ/mol이고 엔트로피 변화량은 218J/K이다. 이때 TΔS=65kJ/mol이 되고, ΔG=-21.2kJ/mol로 자발적 반응이 된다. 이 반응을 다음 식으로 자세히 살펴보자.

$$[Mg(L)_6]^{2+} + EDTA \rightleftarrows [Mg(EDTA)]^{2+} + 6L$$

반응물 쪽에 2개의 분자가 착체 이온 및 분자로 존재한다면, 생성물 쪽에는 7개의 입자가 존재하는 상황이 된다. 따라서 생성물 쪽으로 반응이 진행되는 것이 엔트로피 관점에서는 분명 선호되는 반응이다. 그러므로 한자리 리간드로 치환반응을 하는 것보다 이렇게 다자리 리간드polydentate ligand나 양쪽 자리 리간드bidentate ligand로 치환반응을 하는 것이 훨씬 선호된다. 크라운 에터18-Crown-6 같은 거대 고리 분자macrocycle의 형성 또한 엔탈피 관점에서는 선호되는 과정이 아니지만 엔트로피 관점에서 선호되는 과정으로, 열역학적으로 안정하고 자발적인 반응이 된다.

지금까지 설명했듯이 엔트로피는 화학반응의 자발성을 예측하는 데 매우 중요한 개념이지만, 엔탈피 변화량과 온도도 함께 고려해야 한다. 또한 실질적인 반응 여부를 알기 위해서는 활성화 에너지와 반응속도론적 관점까지 고려해야 한다.

주어진 계의 엔트로피는 항상 증가한다는 열역학 제2법칙을 염두에 두고 생명현상을 관찰하면 역설적으로 보이는 점이 많다. 생명체의 대표적 특성 중 하나는 성장과 발달이라고 할 수 있다. 성장과 발달은 생명체의 구조를 성장시키고 복잡성을 증가시켜 질서를 강화하는 과정으로, '무질서도'라 일컬어지는 엔트로피가 감소하는 방향으로 진행된다. 이렇게 역설적으로 보이는 현상이 어떻게 가능할까? 그 해답은 생명체는 고립된 계가 아니라 열린계이기 때문이다. 생명체는 끊임없이 물질과 에너지를 외부 환경과 교환한다. 따라서 인간 같은 생명체가 성장과 발달을 하는 과정에서 음식 같은 외부 에너지와 물질의 원료가 계속 공급되어야 하며 외부 환경으로 배설도 해야 한다. 인간이 먹는 음식의 원재료는 결국 식물과 동물 등과 같은 생명체다. 따라서 일생 동안 수많은 질서(생명체)를 파괴해야 한다는 것과, 우리가 외부 환경

으로 배출하는 배설물이 분해되면서 외부 환경의 무질서
도를 증가시킨다는 것을 생각하면 우주 전체의 엔트로피
증가를 이해할 수 있다. 즉, 인간과 같은 생명체의 성장
과 발달 자체는 엔트로피가 감소하는 방향으로 진행되지
만 외부 환경의 엔트로피를 더 크게 증가시키므로 인간
을 포함한 우주 전체의 엔트로피는 끊임없이 증가한다고
볼 수 있다.

또한 생명체는 외부 환경의 변화에도 불구하고 내부
상태를 일정하게 유지하는 항상성 유지의 특성이 있다.
내부 질서를 유지하는 항상성 또한 엔트로피 증가와 반
대되는 듯하지만, 마찬가지로 생명체는 열린계이기 때문
에 가능한 일이다.

항상성 homeostasis 유지에는 생명체의 물질대사 metabolism
가 중요한 역할을 한다. 생체 내 물질대사는 수많은 화학
반응으로 구성되는데, 많은 반응이 엔트로피가 감소하는
방향으로 일어나야 한다. 예를 들어 우리 몸에서 다당류
polysaccharide인 글리코겐 glycogen을 분해하여 단위체인 포도당
glucose으로 만드는 반응은 엔트로피 증가를 가져온다. 반
면 포도당을 중합하여 글리코겐을 합성하는 반응은 엔트

로피 감소를 가져온다.

앞에서 언급했듯이 화학반응은 $\Delta G < 0$인 경우 자발적으로 일어날 수 있다. 생체에서 엔트로피의 감소를 가져오는 반응을 어떻게 진행할 수 있을까? 아미노산인 글루타민glutamine은 글루탐산glutamic acid과 암모니아가 합쳐져서 만들어진다. 두 분자가 한 분자가 되므로 엔트로피는 감소하며, $\Delta G = +3.4kcal/mol$로서 비자발적 반응이다. 그렇다면 생체 내에서 글루타민을 어떻게 합성할 수 있을까? 생명체 내에서는 ATP 가수분해hydrolysis와 같은 에너지 방출 반응과 연계함으로써 이러한 화학반응이 가능해진다.

글루탐산 + NH_3 + ATP → 글루타민 + ADP + Pi

$\Delta G = -3.9kcal/mol$

생명체는 생명현상을 유지하기 위해 끊임없이 엔트로피 증가라는 위협에 맞서 대응하고 있다고 해도 과언이 아니다.

3

원소

원자

주사 터널링 현미경

양자 터널링

팔전자 규칙(옥텟 규칙) octet rule
주사 터널링 현미경 Scanning Tunneling Microscope, STM
원자 atom
원소 elements
질량보존의 법칙 law of conservation of mass
일정 성분비의 법칙 law of definite proportions
배수 비례의 법칙 law of multiple proportion

양자 터널링 quantum tunneling
고전역학적 금지 지역 classically forbidden region
유한 퍼텐셜에너지 장벽 finite potential energy barrier
투과율 transmission coefficient
파울러-노르트하임 터널링 Fowler-Nordheim tunneling

　　화학의 중요한 도전 중 하나는 원자로 이루어진 미시 세계와 우리가 사는 거시 세계의 관계를 정확히 이해하는 것이다. 세상에 존재하는 다양한 물질은 100여 개의 원소로 구성되어 있으며, 이들 물질의 성질은 원소와 이들의 물질 내 배열에 의해 결정된다. 화학은 물질의 변화를 이해하는 학문이다. 화학 학문을 이해하기 위해서는 원소를 이해하고 원자 또는 분자 단계, 즉 미시 세계에서 사고해야 한다.

　　우리에게 친숙한 물 분자를 들여다보자. 물 분자는 산소 원자 1개와 수소 원자 2개로 구성되어 있다. 물속에 전류를 흘리면 물은 수소 분자와 산소 분자로 분해된다. 두 원소는 자연계에서 단원자 형태가 아닌 이원자 분자 형태로 존재한다. 이원자 분자 형태로 존재하는 이유를 알려면 이들 원소를 이해해야 한다. 헬륨^{He}이나 네온^{Ne} 등의 불활성 기체는 안정하다. 그리고 안정한 화합물을 구성하는 모든 원자는 불활성 기체의 전자 배치를 가진다. 1개의 전자를 가진 수소 원자들은 자연계에서 단원자로 존재하지 못하지만 2개의 수소 원자가 합쳐져 양쪽 수소 원자핵 사이에 2개의 전자를 공유하면 각각의 원자의 전자 배치가 불활성 기체 헬륨과 같으므로 자연에서 안정하다. 수소 원소element는 전자 1개를 갖는 수소 원자의 형태로 존재하는 것보다 2개의 전자를 공유할 때, 즉 헬륨 원자와 같은 전자 배치를 가질 때 더 안정하기 때문에 이원자 분자의 형태로 존재한다. 산소 분자 내 산소 원자는 각각 2개의 전자를 공유하여 4개의 전자를 핵 사이에 공유하며 불활성 기체 네온 원자처럼 8개의 전자를 각각 가지게 됨으로써 안정해진다. 이처럼 분자 내 원자가 8개의 전자를 가지려는 것을 팔전자 규칙octet rule이라고 한다. 팔전자 규칙은 화학결합에 대한 이론에서 다룬다.

원소는 화학적 또는 물리적 방법에 의해 더 이상 단순한 물질로 분해할 수 없는 물질로 정의한다. 간혹 원소와 원자의 개념을 혼동하는 경우가 있는데, 원소는 원자로 구성되고 원자는 핵과 전자로 이루어진다. 핵도 양성자와 중성자로 분해될 수 있으며, 양성자와 중성자가 쪼개지면 쿼크quark라는 소립자가 된다.

현재는 다양한 분석 기기가 발전하여 물질이 원자로 이루어져 있음이 잘 알려져 있다. 특히 주사 터널링 현미경Scanning Tunneling Microscope, STM의 미세한 바늘 끝에 흐르는 전류를 이용하면 개개 원자의 모습도 볼 수 있다. 주사 터널링 현미경의 전자가 물체의 표면에 매우 가까이 위치할 때 전자는 양자 터널링 현상을 통해 탐침에서 물체 표면으로 이동할 수 있다. 이 터널링 전류의 크기는 미세한 바늘 끝(프로브)과 표면 사이의 거리에 강하게 의존하므로 이것을 이용하여 표면의 형태와 모양을 매우 정밀하게 측정할 수 있으며, 분자 내 원자의 모습까지 정확하게 알 수 있다.

고대 그리스에서는 물질이 한없이 쪼개질 수 있는지, 아니면 결국 분해되지 않는 작은 입자가 존재하는지를 실험적으로 검증할 수 없었다. 당시 쪼개질 수 있는 최소 입자가 있다고 주장한 이들은 이 궁극적 입자를 아토모스atomos라고 불렀다. 이러한 주장은 나중에 물질은 더 작은 무언가로 분해되지만 결국 분해되지 않는 작은 입자가 있다는 생각으로 이어져 이 입자를 지금의 아톰스 atoms, 즉 원자라 정의하였다. 그렇다면 더 이상 쪼개지지 않는 원자의 존재는 어떻게 증명하였을까?

정량적인 실험을 한 화학자 로버트 보일Robert Boyle, 1627~1691은 어떤 물질이 2가지 이상의 더 단순한 물질로 분해되지 않는다면 그 물질이 원소라 하였다. 보일의 정의가 받아들여지면서 고대 그리스의 4원소론(불, 흙, 물, 공기)은 폐기되었다.

19세기 화학 발전에 초석이 된 라부아지에의 질량 보존의 법칙은 화학반응에서 물질의 질량은 창조되지도 소멸되지도 않는다는 법칙이다. 이는 화학반응에서 원자들이 재배열되어 새로운 화합물을 형성하더라도 각 원자의 질량은 보존된다는 것을 보여주며 원자의 존재에 대한 간접적 증거가 되었다.

프랑스의 화학자 조제프 루이 프루스트Joseph Louis Proust, 1754~1826가 주장하여 프루스트의 법칙이라고도 알려진 일정 성분비의 법칙은 주어진 화합물에서 원소들 간의 질량비가 일정하다는 것이다. 프루스트의 발견에 따라 영국의 교사였던 존 돌턴John Dalton, 1766~1844은 원소들을 이루는 입자는 바로 원자일 것이라고 생각했다. 돌턴은 또한 원자의 존재를 확신하게 하는 배수 비례의 법칙을 발견하였다. 두 원소가 서로 다른 일련의 화합물을 형성할 때 하나의 원소 1g과 결합하는 다른 원소의 질량비는 항상 간단한 정수로 나타낼 수 있다는 것이다. 이 법칙은 궁극적인 최소 입자, 즉 원자가 존재한다는 것을 뒷받침할 수 있다. 1808년 돌턴이 원자설을 발표하면서 원자의 존재가 폭넓게 논의되기 시작하였다.

양자 터널링quantum tunneling은 용어의 기이한 인상과는 다르게 오히려 양자역학의 많은 비직관적 예측 중 비교적 직접적으로 많이 활용되는 현상이자 기술technology이다. 시료 표면의 10^{-10}m(1Å, 옹스트롬)보다도 짧은 높이 차이를 측정할 수 있는 주사 터널링 현미경은 시료 분석에서 빼놓을 수 없는 계측 기계로 전자electron의 양자 터널링을 이용한 대표적인 예시이다. 2023년에는 20K 이하 극저온의, 열적으로 화학반응이 거의 일어날 수 없는 상황에서 양자 터널링에 의한 중수소 음이온D⁻과 수소 분자H₂ 사이의 분자반응을 실험적으로 검증하는 데 성공하였다.

양자역학적 현상이 의례 그러하듯 양자 터널링 또한 물리학적으로 언뜻 납득하기 어려운 부분이 있다. 양자 터널링이 일어나는 영역에서 입자의 고전적인 운동에너지가 음수가 되는 영역이 존재한다는 점이 그것이다. 운동에너지가 음수가 되는 영역을 고전역학적 금지 지역 classically forbidden region 이라고 한다. 고전역학에서는 금지 지역 과 허용 지역 allowed region 사이의 경계에서 입자들이 튕기게 된다. 하지만 양자역학적으로는 금지 지역에도 입자가 존재할 수 있는 확률이 0이 아닌 경우가 있다. 이때 만약 금지 지역의 폭이 유한하다면 허용 지역에서 금지 지역 으로 입사한 입자가 금지 지역 너머의 반대편에서 출현 할 수도 있다. 이것이 바로 양자 터널링 현상에 대한 양자 역학적 설명이다. 물론 금지 지역과 허용 지역의 경계에 서 입자가 다시 튕기는 경우도 있다.

여기서 용어와 관련하여 주의할 점은 양자 터널링이 라고 해서 양자 터널링을 하는 입자가 반드시 물리적으 로 물질을 뚫거나 물질을 공간적으로 뛰어넘어 간다는 의미는 아니라는 것이다. 양자 터널링은 운동에너지 측 면에서 고전적으로 도달하기 불가능한 (물질 장벽이라기보다는) 에 너지 장벽을 투과하는 것에 가깝다. 예를 들어 진공 속의 한정된 영역에 전기장 등을 걸어서 그 공간적 영역에서 물질은 없지만 전하를 띤 입자를 대상으로 에너지 장벽 역할을 하도록 만들 수 있다. 물론 물질 자체가 직접적으로 존재해서 에너지 장벽 역할을 하기도 한다. 하지만 이 때도 양자 터널링 측면에서는 물질층의 두께보다 에너지 장벽의 두께가 더 중요하다. 또 하나 주의할 점은 양자 터널링에서 고전적으로 금지된 지역에서도 전체 에너지 보존은 여전히 유효하다는 점이다.

이른바 '유한 퍼텐셜에너지 장벽'이라고 불리는 퍼텐셜에너지의 공간적 분포를 생각해보자. 이는 공간 폭 L 의 한정된 영역에서는 퍼텐셜에너지가 $V_0(>0)$의 일정한 크기를 가지고 그 외의 공간에서는 퍼텐셜에너지가 0인 상황을 말한다. 전체 에너지 $E(0<E<V_0)$를 가지는 어떤 입자가 있어서, 이 입자가 퍼텐셜에너지가 0인 영역에서 퍼텐셜에너지가 V_0인 영역으로 진행한다고 했을 때, 고전역학에 따르면 이 입자는 E가 V_0보다 작기 때문에 두 영역의 경계에서 반대로 튕길 것이다. 하지만 양자역학적으로는 이 입자가 퍼텐셜에너지 영역을 기준으로 입사한 영역의 반대쪽에 나타날 수 있다. 이때 반대쪽에 나타날 확률[투과율]은 근사적으로 오일러 수 e를 밑base으로 지숫값 $\{-(8m(V_0-E)L^2/\hbar^2)^{1/2}\}$을 승수한 값에 비례한다. 여기서 'm'은 입자의 질량이고 'h $= \hbar \times (2\pi)$'는 플

랑크상수이다. 즉, 퍼텐셜에너지 장벽의 높이가 높을수록, 퍼텐셜 장벽의 폭이 넓을수록 양자 터널링이 발생할 가능성이 줄어든다. 물론 팅길 확률^(반사율)도 존재하고, 대부분은 반사율이 투과율보다 압도적으로 크다.

여기서 다시 한번 주의할 것은 V_0와 L이 각각 퍼텐셜에너지의 크기, 퍼텐셜에너지의 폭이라는 것이고 이것이 반드시 공간상의 물리적 높이나 물질의 폭에 대응하지는 않을 수도 있다는 것이다. 예를 들어 진공 환경의 주사 터널링 현미경의 경우 퍼텐셜에너지 장벽의 폭에 해당하는 공간은 탐침과 시료 표면 사이의 진공으로 아무런 물질도 없다. 이때 퍼텐셜에너지 장벽의 크기는 전자와 탐침 사이의 구속 에너지가 결정한다. 물론 반대로 물질이 존재하여 경우에 따라서 추가적인 퍼텐셜에너지 장벽 역할을 수행할 수도 있는데, 주사 터널링 현미경에서 탐침과 시료 표면 사이에 액체를 사용하는 경우와 플래시 메모리^{flash memory}에서 산화막을 사용하는 것이 그러한 예이다.

e^{-x} 함수는 x가 증가할 때 급격히 감소하는 함수이지

만, 동시에 x가 감소할 때 급격히 증가하는 함수이기도 하다. 즉, 양자 터널링 투과율 식에서 V_0 또는 L^2값을 약간만 줄이더라도 양자 터널링 현상이 극적으로 증가할 수 있다. 이때 직접적으로 L값을 줄이는 방법의 예로는 주사 터널링 현미경 탐침과 시료 표면 사이의 거리를 좁히는 것이 있다. 또한 간접적으로 L값을 줄여서 투과율을 높일 수도 있는데, 진공 환경의 주사 터널링 현미경에서 탐침과 시료 표면 사이에 전압 차를 걸어주면 탐침과 시료 표면 사이의 거리에 걸쳐서 전기적 퍼텐셜에너지가 선형적으로 감소하는 상황을 만들 수 있다. 이는 탐침 끝에 준비된 전자의 입장에서는 전자의 에너지에 따라 에너지 측면에서 금지된 지역의 폭이 선형적으로 변하는 것과 같다. 따라서 에너지 장벽 폭의 값이 작아진 효과를 보는 전자들이 생긴다. 이러한 전자들은 앞서의 투과율 식으로부터 양자 터널링을 할 확률이 지수적으로 증가한다. 이 방법은 탐침과 시료 표면 사이의 물리적 거리를 조절하는 대신 전압 차를 조절하여 양자 터널링의 투과율을 바꿀 수 있다는 장점이 있다. 퍼텐셜에너지 장벽의 크기가 거리에 따라 감소하여 이 때문에 에너지가 큰 입자가 퍼텐셜에너지 장벽 두께 감소의 효과를 보는 방식의 양자 터널링을 파울러–노르트하임 터널링[Fowler-Nordheim tunneling, FN tunneling]이라고 부른다. 플로팅 게이트[floating gate] 방식의 플래시 메모리에서 정보 저장과 지움은 파울러–노르트하임 터널링을 이용한다. 퍼텐셜에너지 장벽 역할을 하는 산화막을 가로질러 전압 차를 가함으로써 퍼텐셜에너지 장벽에 기울기를 만들어 산화막을 사이에 둔 전자들의 양자 터널링을 조절한다. 즉, 독자들이 하나쯤은 가지고 있(쯤)을 플로팅 게이트 방식의 USB 메모리는 파일을 쓰거나 지울 때마다 양자 터널링이 빈번하게 발생하는 장치이다. 반면 최근의 V-낸드[NAND] 메모리는 전하 덫 방식을 사용한다.

화학결합의 동적 과정을 양자 터널링 관점에서 해석할 수도 있다. 예를 들어 원자들 사이의 공유결합[covalent bond]에서 결합에 비교적 직접적으로 참여하는 전자들은, 결합이 이루어지기 전에는 다른 원자에 존재하는 전자들에 의해 퍼텐셜에너지 장벽에 가로막히므로, 고전역학적 관점에서는 다른 원자의 원자핵에 접근할 수 없다. 이 퍼텐셜에너지 장벽의 크기는 온도에 의한 원자의 운동에너지를 추가로 고려하더라도 대부분 전자의 운동에너지보다 크다. 하지만 전자는 양자역학적으로 퍼텐셜에너지 장벽을 양자 터널링하여 원자들이 공유결합하게 된다. 동일한 원소의 원자들 사이의 공유결합은 각각의 원자에 있는 전자들이 퍼텐셜에너지 장벽을 대칭적으로 터널링하는 것으로 볼 수 있고, 서로 다른 원소의 원자들 사이의 공유결합이나 이온결합은 비대칭적 터널링의 결과로 볼 수 있다.

4

생체분자

엑스선회절 분석법

이중 슬릿 간섭

탄수화물 carbohydrate
이성질체 isomer
지질 lipid
트리글리세라이드 triglyceride
포화 지방 saturated fat
불포화 지방 unsaturated fat
트랜스 지방 trans fat
스테로이드 steroid
단백질 protein
아미노산 amino acid
프리온 prion
핵산 nucleic acid
DNA Deoxyribonucleic Acid
RNA Ribonucleic Acid
뉴클레오타이드 nucleotide
트리플렛 코드 triplet code
리보솜 ribosome
비암호화 RNA noncoding RNA

엑스선 X-ray
단백질 접힘 protein folding
회절 diffraction
간섭 interference
브래그 법칙 Bragg's law
푸리에 변환 Fourier transform
섬유상 회절 fiber diffraction
콤프턴 산란 Compton scattering

결정화 crystallization
결정핵생성 nucleation
광결정학 photocrystallography

생체분자는 탄소 기반 화합물로서 유기화합물에 속한다. 대표적인 생체분자는 탄수화물, 지질, 단백질, 핵산 등이다.

탄수화물 carbohydrate

탄수화물은 탄소, 수소, 산소라는 원소로 구성되며 분자식은 대체로 $(CH_2O)_n$을 따른다. n의 개수에 따라서 3탄당, 5탄당, 6탄당이라고 부른다.

포도당은 6탄당으로서 광합성의 산물이자 세포호흡의 출발 물질이며 분자식이 $C_6H_{12}O_6$인 단당류 monosaccharide 이다. 그런데 과일에 풍부한 과당 또한 분자식이 $C_6H_{12}O_6$으로 동일하다. 그렇다면 포도당과 과당은 동일한 유기화합물일까? 그렇지 않다. 포도당과 과당의 분자식은 동일하지만 구조가 다르므로 서로 다른 화합물이며, 이들을 이성질체 isomer 라고 부른다. 포도당은 알데하이드기

-CHO가 있어 알도스aldose에 속하며 과당은 케톤기=CO가 있어 케토스ketose에 속한다.

우리가 실생활에서 많이 사용하는 설탕sucrose 또한 탄수화물이다. 설탕은 포도당glucose과 과당fructose이 연결된 이당류disaccharide이다. 또 다른 이당류로는 우유에 풍부한 젖당lactose이 있다. 젖당은 포도당과 갈락토스galactose로 이루어져 있다. 포도당과 포도당이 연결된 이당류는 엿당maltose이라 부른다. 요리에 올리고당oligosaccharide이 자주 사용되는데, '올리고oligo-'는 '소수'라는 의미로 단당류가 2~10개 정도 연결된 탄수화물이다.

단당류가 많이 연결되면 다당류가 된다. 대표적 다당류는 녹말, 글리코겐, 셀룰로오스 등이다. 흥미로운 점은 모두 포도당이 연결된 다당류이지만 녹말과 글리코겐은 우리 몸이 만들어내는 아밀레이스amylase라는 소화효소가 분해할 수 있으나 셀룰로오스는 분해할 수 없다는 것이다. 그 이유는 셀룰로오스에서 포도당이 연결되는 결합 방식이 녹말이나 글리코겐의 결합 방식과 다르기 때문이다. 그렇다면 초식동물인 소는 셀룰로오스를 분해하는 효소를 만드는 것일까? 그렇지 않다. 소가 풀을 뜯어먹고 소화할 수 있는 이유는 장내 미생물이 셀룰로오스를 대신 분해하기 때문이다.

식물은 광합성으로 탄수화물을 만들어낼 수 있다. 광합성을 위해 식물이 필요로 하는 것은 대기 중의 이산화탄소, 그리고 뿌리에서 흡수한 물뿐이다. 물론 에너지를 투입하지 않으면 이렇게 단순한 분자들을 이용해서 구조가 훨씬 복잡한 탄수화물을 만들 수 없다. 광합성이라는 단어에서 알 수 있듯이 빛 에너지가 반드시 필요하다. 지구 생태계에서 인간을 포함한 모든 동물은 소비자로서 광합성을 하는 식물과 조류algae 그리고 시아노박테리아cyanobacteria 같은 생산자에 의존한다. 식물은 광합성으로 만드는 포도당을 세포호흡을 통해 생명 활동을 위한 ATP를 생성하는 데 사용하거나, 녹말과 셀룰로오스를 만들어 에너지 저장 및 구조적 역할을 하도록 한다. 물론 탄수화물이외의 단백질, 지질, 핵산 등 생체분자의 생합성도 결국 복잡한 물질대사 네트워크를 통해 광합성에 의존한다.

생태계에서 인간은 소비자로서 채식이나 육식을 통해 탄수화물을 얻는다. 탄수화물은 침샘과 췌장이 생성하는 아밀레이스 효소와 소장 상피세포가 생성하는 이당류 분해 효소의 협업으로 포도당과 과당 같은 단당류로 바뀐 후 소장에서 흡수된다. 포도당은 식물에서와 마찬가지로 세포호흡 과정을 통해 ATP를 생성하는 데 바로 사용되고, 여분의 포도당은 간이나 근육에서 글리코겐이라는 다당류를 합성하는 데 이용될 수 있다.

지질lipid

지질은 탄수화물처럼 탄소, 수소, 산소로 구성된 유기화합물이다. 그렇다면 탄수화물과 지질은 어떻게 다를까? 물에 잘 녹는 탄수화물과 달리 지질은 물에 녹지 않는 소수성(물을 싫어하는) 유기화합물을 통칭한다. 이 두 생체분자는 어째서 성질이 상반될까? 지질은 탄수화물과 비교하여 산소의 비율이 매우 적다. 즉, 탄소와 수소의 구성이 압도적으로 많다. 탄소와 탄소 또는 탄소와 수소 사이의 공유결합은 무극성nonpolar 공유결합이다. 이들 공유결합에서는 전자쌍의 공유 지분이 거의 반반씩으로 동등하며 전자쌍이 치우치지 않아서 이들 분자는 무극성을 나타낸다. 따라서 무극성인 지질은 극성인 물에 녹지 않는다. 지질의 요건은 물을 싫어하는 유기화합물이라는 점이므로 실제로 지질이라 불리는 분자들은 구조가 다양하다.

먼저 지방이나 오일이라 불리는 것들이 지질에 속한다. 트리글리세라이드^{triglyceride}라고 하는 이들을 가수분해하면 3분자의 지방산$^{fatty\ acid}$과 글리세롤^{glycerol}이라는 탄소 3개를 지닌 알코올로 분해된다. 지방산은 탄소와 수소가 절대다수를 차지하는 탄화수소로, 한쪽 끝에는 카복실기$^{carboxyl\ group,\ -COOH}$가 존재한다.

그렇다면 지방^{fat}과 오일^{oil}은 어떻게 다를까? 많은 사람이 '지방' 하면 고체상을 떠올릴 것이고 '오일' 하면 액체상을 생각할 것이다. 왜 트리글리세라이드는 어떨 때는 고체상이고 어떨 때는 액체상일까? 그것은 지방산의 골격을 이루는 탄소-탄소 결합이 단일 결합$^{single\ bond}$뿐인지 아니면 이중 결합$^{double\ bond}$이 존재하는지에 따라 결정된다. 이중 결합이 존재하면 탄소 골격이 전체적으로 선형이 아니라 꺾임이 일어난다. 지방산이 단일 결합으로만 이루어져 있으면 트리글리세라이드가 잘 만들어진 벽돌 모양이 되기 때문에 차곡차곡 잘 쌓을 수 있게 된다. 반면 이중 결합이 이루어지면 벽돌 모양이 울퉁불퉁해져서 제대로 쌓기 어려울 것이다. 즉, 벽돌이라면 금방 허물어질 것이고, 트리글리세라이드의 경우 빈틈으로 인해 계속 움직임이 발생하며 상온에서 액체상을 띤다.

트리글리세라이드의 지방산에서 탄소 골격이 단일 결합으로만 이루어져 있으면 포화 지방saturated fat이라고 하는데, 이는 수소로 포화되어 있다는 의미이다. 이중 결합이 존재한다는 것은 수소로 포화되어 있지 않다는 의미이며 이 경우는 불포화 지방unsaturated fat이라고 부른다. 불포화 지방은 올리브 오일, 콩기름과 같이 식물에서 많이 발견되며 오메가omega-3 지방산이라는 유명 불포화 지방산은 등 푸른 생선에 많다. 반면 포화 지방은 소고기, 돼지고기와 같은 육류에 많이 존재하며 동맥 경화 등의 질병을 일으키는 원인이 되기도 한다.

트랜스 지방trans fat은 몸에 해로운 것으로 유명하다. 트랜스 지방은 올리브 오일과 마찬가지로 불포화 지방으로서 탄화수소 부위에 이중 결합이 존재하지만, 이중 결합이 트랜스 결합trans bond이므로 시스 결합cis bond을 보이는 올리브 오일과는 다르다. 흥미로운 점은 이중 결합이라 하더라도 트랜스 결합을 형성하면 트리글리세라이드의 모양이 전체적으로 벽돌 모양의 포화 지방과 유사해져 상온에서 고체상을 띤다는 것이다. 트랜스 지방은 마가린 같은 식품을 만들기 위해 불포화 지방인 식물성 오일에 수소를 첨가하는 공정에서 부반응의 결과로 생겨난다.

또 다른 대표적인 지질 분자는 스테로이드steroid이다. 스테로이드는 4개의 고리 구조가 융합된 유기화합물이다. 트리글리세이드와는 구조가 완전히 다르지만 대부분 탄소와 수소로 구성된다는 점은 동일하다. 스테로이드 하면 먼저 스테로이드 호르몬을 떠올리게 된다. 스테로이드 호르몬에는 부신에서 분비되는 코르티코스테로이드corticosteroid와, 남성과 여성의 생식소gonad에서 주로 분비되는 성호르몬이 있다. 부신에서 분비되는 코르티코스테로이드에는 염증 억제에 많이 사용되는 코르티솔cortisol 같은 당질 코르티코이드glucocorticoid와, 혈압 조절과 전해질 균형에 관여하는 알도스테론aldosterone 같은 무기질 코르티코이드mineralocorticoid가 있다. 남성의 정소에서 분비되는 테스토스테론testosterone, 그리고 여성의 난소에서 분비되는 에스트로겐estrogen과 프로게스테론progesterone도 스테로이드 호르몬이다. 스테로이드 호르몬은 모두 생체 내에서 콜레스테롤로부터 합성되며, 스테로이드라는 단어가 원래 콜레스테롤로부터 유래했다. 인체의 콜레스테롤 수치가 높으면 건강과 관련하여 부정적 측면이 강하지만, 세포막을 구성하는 주요 성분일 뿐만 아니라 스테로이드 호르몬 합성에도 사용되기 때문에 없어서는 안 되는 지질 분자이다. 트리글리세라이드와 스테로이드 외에도 마찬가지로 생체 내 소수성 분자인 식물의 왁스나 지용성 비타민으로 알려진 비타민 A, D, E, K, 그리고 세포막의 핵심 성분인 인지질 등이 모두 지질에 속한다.

단백질protein

단백질은 탄수화물이나 지질보다 훨씬 복잡하고 거대한 분자이다. 탄소, 수소, 산소로만 구성되는 탄수화물이나 지질과 달리 단백질은 질소와 황이 추가로 존재한다. 단백질은 아미노산 중합체를 의미하는 폴리펩타이드polypeptide가 3차원적 구조를 갖추어 만들어진다. 생명체에는 아미노산이 20종류나 있으며, 이들은 다양하게 조합되어 특정 단백질을 구성하므로 단백질은 구조와 기능이 매우 다양할 수 있다. 아미노산은 기본적으로 중심 탄소에 수소 원자, 아미노기$^{-NH_2, amino\ group}$, 카복실기$^{-COOH, carboxyl\ group}$가 공유결합을 이루는 것은 동일하나 마지막 공유결합을 이루는 곁사슬side chain은 아미노산마다 다르다. 따라서 이들 곁사슬의 성질에 따라 아미노산을 분류한다. 글루탐산은 산성 곁사슬을 지닌 반면 라이신은 염기성 곁사슬을 지닌다. 산성이나 염기성 또는 극성 곁사슬을 지닌 아미노산을 친수성^{hydrophilic} 아미노산이라고도 하며, 이들 아미노산은 물과 접하는 단백질의 표면에 위치할 확률이 높다. 반면 발린^{valine} 같은 소수성^{hydrophobic} 아미노산들은 물과 접하지 않는 단백질의 내부에 존재할 가능성이 높다. 한편 소수성 아미노산은 곁사슬에 따른 분류일 뿐 중심 탄소에 결합한 염기성의 아미노기와 산성인 카복실기가 있기 때문에 물에 녹지 않는 것은 아니다.

단백질은 우리 몸에서 구조적 역할을 할 뿐만 아니라 모든 생명 활동에서 실질적인 역할을 한다. 예를 들어 사람의 머리카락이나 동물의 뿔 같은 것이 대표적인 단백질 구조물이다. 또한 생명체가 수행하는 물질대사에는 수많은 효소가 관여하고 있으며 백신^{vaccine} 접종 이후 생성되는 항체^{antibody}도 단백질이고, 근육 활동도 액틴^{actin}, 미오신^{myosin} 같은 단백질의 상호작용으로 이루어진다. 단백질이 기능을 수행하기 위해서는 제대로 된 3차원적 구조를 이루어야 한다. 만일 열을 가해 단백질 구조의 변성^{denaturation}이 일어나면 단백질은 기능을 수행할 수 없다. 따라서 단백질은 제대로 된 3차원적 구조가 매우 중요한데, 그러한 구조는 결국 단백질을 구성하는 아미노산의 배열

에 의해 결정된다. 생체 내에는 단백질의 접힘^{folding}을 도
와주는 샤페론^{chaperone}이라는 일단의 단백질이 있지만 그
역할은 표적 단백질이 스스로 자신의 구조를 찾아가도록
도와주는 데 국한된다.

그렇다면 아미노산 배열은 무엇이 결정할까? 바로
유전자의 염기 서열이다. 유전자 발현 과정을 통해 세포
핵에 존재하는 DNA의 염기 서열 정보가 메신저 RNA라
고 불리는 mRNA의 염기 서열로 전사되고, 최종적으로
세포질에 존재하는 리보솜에 의해 아미노산 중합체를 의
미하는 폴리펩타이드^{polypeptide}로 바뀐다. 3차원적 구조가
없는 폴리펩타이드는 기능을 나타내지 못하며, 단백질
접힘이라는 과정을 통해 제대로 된 3차원적 구조를 갖추
면 비로소 기능을 나타낼 수 있다. 단백질은 1개의 폴리
펩타이드로 이루어진 경우도 많지만, 적혈구에서 산소
운반 기능을 수행하는 헤모글로빈^{hemoglobin} 등과 같이 2개
이상의 폴리펩타이드로 이루어진 경우도 많다.

단백질의 정교하고 복잡한 구조는 고온이나 pH 변
화에도 민감하게 영향을 받지만, 아미노산 서열이 바뀌

어도 구조와 기능이 변할 수 있다. 단백질의 아미노산 서열은 어떤 경우에 바뀔까? 아미노산 서열은 유전자의 염기 서열에 의해 결정되므로 염기 서열이 바뀌면 아미노산 서열이 바뀐다.

DNA의 염기 서열 변화는 바로 돌연변이^{mutation}에 의해 가능하다. 돌연변이는 DNA의 염기 서열이 바뀌는 것을 의미한다. 이로 인해 아미노산 서열이 바뀌면 단백질의 구조와 기능이 바뀐다. 대표적 예가 '낫모양적혈구빈혈증$^{sickel\ cell\ anemia}$'이다. 헤모글로빈을 이루는 베타글로빈$^{\beta-globin}$ 유전자에서 염기 서열 1개가 바뀌면 글루탐산이 발린으로 바뀌는데, 이로 인해 헤모글로빈의 전체 구조가 바뀌고 산소 운반 능력이 떨어져 빈혈증이 야기된다. 글루탐산은 친수성 아미노산이고 발린은 소수성 아미노산으로, 이렇게 화학적 성질이 다른 아미노산으로 바뀌면 단백질의 구조가 영향받을 가능성이 증가한다.

단백질 구조에 관한 또 다른 흥미로운 예시는 소에서 광우병을 일으키고 사람에서는 크로이츠펠트·야코프병$^{Creutzfeldt-Jakob\ disease}$을 일으키는 프리온^{prion}이라는 단백질이다. 일반적으로 질병을 일으키는 가장 단순한 병원체라고 하면 바이러스virus를 떠올릴 것이다. 바이러스는 최소한 DNA나 RNA와 같은 유전물질genetic material과 단백질 껍질protein capsid로 구성된다. 프리온은 단백질성 감염성 입자라는 의미로, 생체 내 정상 프리온 단백질이 잘못 접혀지면 비정상 프리온 단백질PrPSc이 되어 질병을 일으킬 수 있다. 또한 놀랍게도 비정상 프리온 단백질이 몸에 들어오면 정상적인 프리온의 구조를 변형시켜 비정상 프리온이 계속 만들어진다.

핵산nucleic acid

핵산은 세포핵 안에 있는 산성 생체분자라는 의미이다. 즉, 핵산의 정체는 DNAdeoxyribonucleic acid이다. 그렇다면 핵산에는 DNA만 있을까? 그렇지 않다. DNA와 함께 대표적인 핵산이 바로 RNAribonucleic acid이다. 다만 DNA는 주로 세포핵에 존재하지만 RNA는 세포핵과 세포막 사이의 공간을 의미하는 세포질에 주로 존재한다. 물론 DNA가 세포핵 안에만 있는 것은 아니며, 동물과 식물에 존재하는 세포 소기관인 미토콘드리아와 식물의 엽록체 안에서도 발견된다. 미토콘드리아와 엽록체가 원래 박테리아에서 기원했다는 '세포 내 공생설endosymbiotic theory'에 따르면 이들 세포 소기관에 왜 DNA가 존재하는지를 쉽게 이해할 수 있다. 한편 박테리아 같은 원핵생물prokaryote은 세포핵이 없으므로 DNA가 세포핵 안에 있다는 말이 성립하지 않는다.

핵산을 구성하는 원소로는 탄소, 수소, 산소 외에 질소와 인이 발견된다. 단백질과 마찬가지로 질소nitrogen가 있지만 황sulfur 대신 인phosphorus이 존재한다. 핵산 또한 단백질과 마찬가지로 중합체polymer로서 단위체를 뉴클레오타이드nucleotide라고 한다. 뉴클레오타이드는 인산, 5탄당, 염기 부위로 나눌 수 있다. 뉴클레오타이드의 인산기로 인해 핵산은 산성을 띤다.

DNA와 RNA를 구성하는 뉴클레오타이드는 약간 다른 점이 있다. 일단 인산기는 동일하다. 염기의 경우 DNA 뉴클레오타이드는 아데닌adenine, A, 구아닌guanine, G, 사이토신cytosine, C, 타이민thymine, T 4가지가 존재한다. 반면 RNA 뉴클레오타이드는 타이민 대신 유라실(우라실)uracil, U이 발견된다. 5개의 탄소가 골격을 이루는 5탄당의 경우 DNA 뉴클레오타이드에는 디옥시리보오스deoxyribose가 있고 RNA 뉴클레오타이드에는 리보오스ribose가 있다. 디옥시로보오스의 디옥시deoxy는 산소가 적다는 것을 의미하는 만큼 리보오스와 비교하여 산소 원자 1개가 빠져 있다. 이러한 DNA 혹은 RNA 뉴클레오타이드가 탈수축합 dehydration synthesis 반응을 통해 기다란 가닥의 핵산을 만든다. 핵산은 단백질과 비교하여 단위체가 4가지이므로 단백질보다는 조합이 단순하다.

그렇다면 핵산에 존재하는 4개의 뉴클레오타이드로 어떻게 단백질에 존재하는 20가지의 아미노산을 정확하게 지정할 수 있을까? 핵산의 뉴클레오타이드 3개가 한 묶음으로 코돈이 되어 특정 아미노산을 지정하기 때문에 가능하다. 이를 트리플렛 코드triplet code라고 한다. 예를 들어 DNA의 ATG 정보는 mRNA의 AUG에 대응하며, 폴리펩타이드를 합성하는 번역 과정에서는 메타이오닌 methionine이라는 아미노산을 지정한다. DNA와 RNA의 뉴클레오타이드는 각각 4가지이므로 $64^{(4 \times 4 \times 4)}$개의 유전 암호를 만들 수 있다. 따라서 20개에 불과한 아미노산을 충분히 지정할 수 있으며, 이는 코돈표codon table를 검색하면 쉽게 확인할 수 있다. 또한 1개의 아미노산 지정에 여러 개의 유전 암호가 중복되어 사용될 수 있다는 점도 이해할 수 있다. 놀랍게도 박테리아의 코돈표와 사람의 코돈표, 그리고 창밖의 풍경에 보이는 식물의 코돈표는 동일하다. 이 현상은 지구 상에 존재하는 모든 생명체가 공통 조상으로부터 유래했다는 '찰스 로버트 다윈Charles Robert Darwin, 1809~1882의 진화론evolution theory'으로 쉽게 설명할 수 있다. 이렇게 거의 모든 생명체의 코돈표가 동일하기 때문에 생명공학에서 사람의 인슐린insulin 유전자를 박테리아에 넣으면 박테리아는 사람의 인슐린 유전자를 동일하게 해독하여 사람의 인슐린을 만들 수 있다.

한편 DNA와 달리 RNA는 다양한 기능을 수행한다. mRNA 외에도 mRNA 정보를 이용하여 아미노산 사슬인 폴리펩타이드를 합성하는 역할을 맡는 리보솜ribosome이라는 입자는 수십여 개의 단백질과 rRNA의 복합체이다. 아미노산을 연결하는 탈수축합 반응을 담당하는 것이 단백질이 아니라 rRNA라는 것도 매우 흥미로운 점이다. 효소라고 하면 많은 사람이 단백질을 떠올리지만 일부 RNA도 효소 활성을 나타내는데, 이를 리보자임ribozyme이라고 한다. 또한 아미노산을 달고 다니는 tRNA도 폴리펩타이드 합성 과정에 필요하다. 뉴클레오타이드 서열 정보가 어떻게 아미노산 서열 정보로 변환되는지에 대한 실마리를 밝히는 일은 아미노산을 달고 다니는 tRNA를 통해 가능하다.

흔히 알려져 있는 DNA의 이중나선^{double helix} 구조는 2개의 뉴클레오타이드 중합체 가닥이 수소결합을 하기 때문에 가능하다. DNA에서 A는 T 염기와, G는 C 염기와 수소결합을 통해 염기쌍을 형성할 수 있다. 마찬가지로 mRNA와 tRNA 사이에도 단일 가닥으로 된 부위가 염기쌍을 형성하여 특이적으로 서로를 인식할 수 있으며, tRNA의 한쪽 끝에 특정 아미노산이 달려 있어서 자연스럽게 아미노산 정보로 넘어갈 수 있다. 이들 RNA 이외에도 최근에는 마이크로 RNA^{microRNA, miRNA}와 소간섭 RNA^{small interfering RNA, siRNA} 같은 작은 RNA들이 관심을 받고 있다. 이들 작은 RNA는 특정 유전자의 발현을 제어하는 방법인 RNA 간섭^{RNA interference}에 응용할 수 있다. 세포 내에는 tRNA, rRNA, 소형 리보핵산^{small RNA} 등 단백질을 암호화하지 않는 다양한 RNA가 있는데 이를 '비암호화 RNA^{noncoding RNA}'라고 한다. 최근 비암호화 RNA에 대한 연구가 활발하게 진행되고 있다.

단백질과 DNA 같은 생체 고분자들은 생화학적 기능을 위해서 고분자의 화학적 조성만큼이나 고분자를 구성하는 원자와 원자단의 물리적 결합 구조가 중요하다. 단백질 접힘protein folding은 단백질 고분자가 특징적인 3차원 구조로 말려 있다는 것을 말한다. 이 접힘 구조가 비정상적이면 생체 내의 생화학반응에 이상을 일으킬 수도 있다. 이렇게 질병을 유발하고 전염되는 이상 단백질로 변형 프리온이 있다. 뇌 조직이 손상되는 질병인 크로이츠펠트·야코프병을 변형 프리온이 일으킨다고 알려져 있다. DNA 역시 세포핵 내에서 평소에는 염색사 가닥으로 풀어져 있다가 세포분열 전에 가닥이 뭉쳐서 염색체 구조를 띤다. 염색사 가닥으로 풀어져 있다는 말은 이중나선 구조가 풀어져 있다는 뜻이 아니다. 이중나선 구조는 DNA 염기 서열을 복제할 때 풀리고, 그렇지 않은 경우 닫혀 있다. 이처럼 고분자의 구조와 그 변형에 대한 지식은 고분자의 역할과 작동 방식을 이해하는 중요한 단서다. DNA의 물리적 구조가 이중나선 구조임을 밝힘으로써 DNA의 구조적 안정성과 DNA 정보의 복제 메커니즘에 대한 깊은 통찰을 제공한 사례만 보아도 고분자의 물리적 구조를 밝히는 것이 얼마나 중요한지 알 수 있다.

화학결합에 대한 선구적 업적으로 1954년 노벨 화학상을 받은 화학자 라이너스 칼 폴링Linus Carl Pauling, 1901~1994은 단백질 구조에 대한 연구에도 크게 기여하였다. 폴링은 화학결합에 대한 통찰로부터 1951년 적혈구 세포 속 헤모글로빈 단백질의 알파나선 구조와 베타병풍 구조를 정확히 제시하여 고분자가 나선 구조를 가질 수 있음을 암시함으로써 당시 생물학계의 최대 관심사 중 하나였던 DNA 구조에 대한 영감을 제공했다. 폴링 스스로도 DNA 구조를 연구하여 1952년 DNA 삼중나선 구조를 제안하는 논문을 발표하였으나 이것은 여러 결점이 있었다. 올바른 DNA 이중나선 구조는 1953년 제임스 듀이 왓슨James Dewey Watson, 1928~, 프랜시스 해리 컴프턴 크릭Francis Harry Compton Crick, 1916~2004, 모리스 휴 프레더릭 윌킨스Maurice Hugh Frederick Wilkins, 1916~2004, 로절린드 엘시 프랭클린Rosalind Elsie

Franklin, 1920~1958, 레이먼드 조지 고슬링Raymond George Gosling, 1926~2015 등이 발표하게 된다. 왓슨, 크릭, 윌킨스는 DNA 이중나선 구조를 규명한 업적으로 1962년 노벨 생리학·의학상을 수상하였다.

생체 고분자 중 물리적 구조가 가장 먼저 밝혀진 것은 오늘날 항생제로 잘 알려진 페니실린이다. 1945년 페니실린의 구조를 밝혀낸 도로시 메리 크로풋 호지킨Dorothy Mary Crowfoot Hodgkin, 1910~1994은 이후 1954년 비타민 B12의 구조를 밝혀내 1964년에 노벨 화학상을 수상했다. 그 후로도 1969년에는 인슐린의 구조를 밝히는 등 생체 고분자 구조 연구에 지대한 공헌을 했다.

이처럼 1950년대를 기점으로 고분자 구조에 대한 과학계의 이해가 비약적으로 상승했는데, 놀랍게도 이 시기는 오늘날의 최첨단 분석 장비가 개발되기 훨씬 전이다. 그렇다면 당시 과학자들은 단백질, DNA, 비타민 같은 생체 고분자의 결합 구조를 어떻게 알아낼 수 있었을까?

상상과 직관의 도움이 있었겠으나, 당연히 관측 데

이터를 바탕으로 결합 구조를 밝힌 것이다. 문제는 예를 들어 염색체의 크기는 0.2~20$\mu m^{(10^{-6}m)}$ 수준이어서 광학현미경으로 보일 정도이지만, 가느다란 이중나선으로서의 DNA 직경은 20Å$^{(10^{-10}m)}$이고, 나선이 한 바퀴 돌아가는 길이는 34Å으로 당시의 광학현미경으로 보이지 않는 크기라는 것이다. 이 정도 길이의 미세구조를 밝히는 것이 목표였던 당시 과학자들은 Å 수준의 구조를 밝혀줄 수 있는 도구가 필요했다. 그 도구가 바로 엑스선이었다. 분자 결정 구조에 엑스선을 쬐면 주어진 결정의 배열 구조에 따라 엑스선이 특징적인 회절·간섭을 한다. 이 회절·간섭무늬의 독특한 분포로부터 역으로 결정 구조를 산출할수 있다. 이러한 방식으로 엑스선을 생체 고분자에 적용하여 결합 구조를 파악하는 데 사용할 수 있다는 사실을 보인 인물이 앞서 말한 호지킨이다. 분자구조생물학은 호지킨의 창의성 덕분에 열렸다고 해도 과언이 아니다. 엑스선회절·간섭무늬라는 도구가 다행스럽게도 있었다고 해서 당시의 구조 분석 작업이 간단한 것은 아니었다. 예를 들어 프랭클린과 그의 동료는 엑스선회절·간섭무늬를 선명하게 찍을 수 있는 촬영 도구를 구축해야 했으며, DNA 시료의 엑스선회절·간섭무늬를 하나씩 엑스선 감광지에 촬영하고 일일이 암실 현상 작업을 거쳐 겨우 사진을 얻을 수 있었다. 그 후 사진의 무늬 분포를 아마도 자와 각도기로 측정하고 나서야 드디어 분포를 수학적으로 분석할 수 있는 숫자 데이터로 산출했을 것이다.

　최초의 노벨 물리학상은 엑스선을 연구한 공로로 1901년 빌헬름 콘라트 뢴트겐^{Wilhelm Conrad Röntgen, 1845~1923}에게 수여되었다. 뢴트겐은 엑스선의 특성을 조사하던 중 이것이 생물과 무생물 가릴 것 없이 여러 물체를 통과하여 진행한다는 것을 알았고 거의 즉각 의학적으로 활용할 가능성을 간파했다. 그는 아내의 반지 낀 손에 엑스선을 투과시켜 손가락 뼈가 반지를 끼고 있는 사진을 촬영하여 1896년 논문에 제시하였다. 사진을 본 그의 아내는 "나의 죽음을 보았다"라고 말했다고 한다. 생물체를 ^(그리고 물체들도) 해부하지 않고도 엑스선의 투과 정도로부터 내부 정보를 알 수 있다는 획기적인 가능성 때문에 엑스선은 발견의 역사부터 생명과학과 밀접한 연관이 있었다. 오늘날 공항 검색대의 검색 장비도 엑스선을 이용한다. 엑스선이라는 이름은 뢴트겐이 붙였다. 엑스^x는 미지^{unknown}를 의미하기 위해 사용한 것이다. 즉, 정체를 알 수 없는 어떤 선^{ray}이라는 의미이다. 1900년대 초까지 엑스선의 정체는 과학자들에게 미스터리였고, 대중적으로는 텔레파시, 오컬트, 유사과학 등의 소재로 쓰이면서 심각하게 오해되고 있었다.

1912년 막스 테오도어 펠릭스 폰 라우에^{Max Theodor Felix von Laue, 1879~1960}는 동료들과의 대화에서 다음의 영감을 얻었다. '만약 엑스선이 단지 파장이 매우 짧은 빛에 불과하다면, 그리고 고체 결정이라는 것이 원자들의 일정한 배열이라면 엑스선은 고체 결정을 통과하면서 규칙적인 회절·간섭무늬를 만들 것이다.' 이러한 발상에 바탕을 둔 그와 동료들의 실험은 매우 성공적이었다. 황산구리 결정에 엑스선을 쪼이자 예상대로 간섭에 의해 밝은 점들이 대칭적이고 반복적인 무늬를 감광판에 만들었다. 엑스선이 미지의 신비로운 무언가가 아니라 파장이 매우 짧을 뿐 가시광선과 정체가 동일한 전자기파라는 것을 밝힘과 동시에 고체 결정이 원자들의 연속적 덩어리가 아니라 원자들이 특정 패턴에 따라 반복적으로 배열된 격자 구조를 이룬다는 것을 밝힌 것이었다. 또한 비록 고체 결정 원자에 한정되었지만 물체 내부의 원자를 간접적으로나

마 시각적으로 확인할 수 있게 함으로써 미시 세계에 대한 새로운 수준의 눈을 뜨게 한 획기적인 진전이었다. 라우에는 이 공로로 1914년 노벨 물리학상을 수상했다.

라우에의 실험이 알려지자 학계에서는 즉각 이 실험의 중요성을 인식하고 활발하게 연구했다. 1912년과 1913년에 걸쳐 윌리엄 헨리 브래그 Sir William Henry Bragg, 1862~1942 와 그의 아들 윌리엄 로런스 브래그 Sir William Lawrence Bragg, 1890~1971 는 엑스선의 결정 무늬를 정량적으로 분석하는 이론적 틀과 실제 분석 사례들을 제시한다. 이 유명한 브래그 법칙은 규칙적인 격자에 입사한 엑스선이 어떤 각도에서 보강 간섭하는지를 나타낸다. 브래그 법칙은 다음의 식과 같다.

$$2d\sin\theta = m\lambda$$

여기서 'd'는 인접한 격자 면 사이의 거리, 'θ'는 격자 면에 대한 엑스선의 입사 각도(격자 면 법선에 대한 각도가 아니다)이다. 'm'은 차수(몇 번째의 보강 간섭인지를 나타내는 정수), 'λ'는 엑스선의 파장이다.

이 식은 인접한 격자 면에서 반사한 엑스선 전자기파 파동 사이의 경로 차가 파장의 정수배가 되면 이것들이 서로 보강 간섭하여 감광판에 뚜렷한 점으로 나타남을 의미한다. 앞의 식에서 알 수 있듯이 뚜렷한 간섭무늬를 얻기 위해서는 격자 면 사이의 거리 d와 엑스선의 파장 λ가 동일한 수준이어야 한다. 황산제이구리 결정의 경우 격자 면 사이의 거리가 격자 면에 따라서 대략 0.5~1nm이고, 엑스선의 파장은 대략 0.01~10nm 사이이다. 즉, 라우에의 실험은 결정 시료와 엑스선 파장의 조합이 절묘하게 서로 적절한 범위였던 것이다. 한편 브래그의 분석을 통해 결정 시료 구조의 정량적 측정 방법과 엑스선 파장의 정량적 측정 방법이 같이 얻어졌다고 할 수 있다. 이것은 오늘날 엑스선 결정학과 엑스선 분광학이 동시에 탄생하는 순간이었다. 브래그 부자는 이 공로로 1915년 노벨 물리학상을 공동 수상했다.

브래그 법칙은 현대적인 이중 슬릿 간섭 실험과 맥락이 동일하다. 바늘구멍을 통과한 빛줄기를 이중 슬릿에 통과시키면 명암 줄무늬의 반복 패턴이 스크린에 생긴다. 밝은 줄무늬의 위치는 다음 식에 따라 분포한다.

$$d\sin\theta = m\lambda$$

여기서 'd'는 이중 슬릿 사이의 거리, 'θ'는 이중 슬릿의 가운데로부터 밝은 무늬의 위치를 가리키는 직선이 이중 슬릿 면의 법선과 이루는 각도, 'm'은 차수, 'λ'는 입사하는 빛의 파장이다.

이 식의 의미도 브래그 법칙과 동일하게 각각의 슬릿에서 출발한 파동의 경로 차가 파장의 정수배가 되면 보강 간섭이 이루어져 밝은 무늬가 생긴다는 것이다. 또한 간섭무늬가 잘 생기기 위해서는 이중 슬릿 사이의 간격 d와 입사하는 빛의 파장 λ가 비슷해야 함을 확인할 수 있다. d와 λ가 주어졌을 때 이 식으로부터 밝은 무늬의 분포(즉, θ 분포)를 알 수 있는데, 이것을 반대로 활용하면 λ와 밝은 무늬의 분포로부터 d값을 알 수도 있다. 이것이 바로 엑스선 무늬로부터 결정 구조를 알아내는 핵심 발상이다.

이중 슬릿 실험은 응용 측면뿐만 아니라 물리학의 기초에도 매우 중요한 의미가 있다. 이 실험으로 인해 뉴턴이 1704년 저서 《광학Opticks》에서 주장한 빛의 입자설의 확고한 지위가 100여 년 만에 흔들리고 빛의 파동설이 받아들여지는 전기가 마련되었기 때문이다. 이 실험을 처음으로 제안한 과학자는 토머스 영^{Thomas Young, 1773~1829}이다. 그가 1803년에 제안한 실험은 오늘날의 이중 슬릿 실험과는 조금 다르다. 그의 실험은 태양빛을 바늘구멍에 통과시키고 빛의 경로에 얇은 카드를 세워서 마치 빛줄기를 칼로 자르듯이 두 줄기로 나누었을 때 두 줄기의 빛이 화면에 간섭무늬를 만든다는 내용이었다.

고체 결정의 엑스선 무늬의 경우 고체 결정의 구조가 3차원이기 때문에 이중 슬릿 같은 간섭이 3차원적으로 생긴다. 그러한 무늬를 다시 2차원의 평면에 사진으로 찍는다. 따라서 사진 1장으로부터 고체 결정 구조를 파악할 수는 없고 엑스선 입사 각도와 사진을 찍는 각도를 바꿔가면서 여러 사진으로부터 3차원 구조를 재구성해야한다. 입체물의 여러 측면의 2차원 그림자로부터 입체물의 3차원 모양을 구성하는 것이라고 비유적으로 이야기할 수 있다. 물론 그림자놀이보다 수학적으로 더 복잡한 작업이 필요한데, 이때 사용되는 것이 바로 푸리에^{Jean-Baptiste Joseph Fourier, 1768~1830} 변환 또는 역변환이다.

앞의 이야기를 종합하면 1910년대에 엑스선의 정체가 밝혀지고 40여 년이 흐른 1950년대부터 엑스선회절 분석법으로 생체 고분자 구조가 활발하게 규명되었음을 알 수 있다. 하지만 1950년대에 핵산을 결정화하여 구조를 밝히지는 못했다. 유의미한 엑스선회절·간섭 사진을 찍기 위해 순도 높은 핵산 결정을 만들 기술이 당시에는 부족했기 때문이다. 프랭클린의 DNA 엑스선회절·간섭 사진도 DNA를 결정화해서 찍은 것은 아니고 섬유상 다발 형태의 DNA를 찍은 섬유상 회절fiber diffraction 무늬였다. 핵산을 결정화하여 엑스선회절 분석법을 적용한 연구는 1970년대 초반이 되어서야 등장한다. 초기 사례 중에는 1973년 tRNA 3차원 구조를 밝힌 김성호Kim Sung-Hou, 1937~ 교수와 알렉산더 리치Alexander Rich, 1924~2015 연구 그룹의 결과가 대표적이다. DNA 결정으로부터 DNA의 3차원 구조가 명확해진 것은 1970년대 후반이다. 오른쪽으로 꼬인 B-DNA와 A-DNA는 리처드 디커슨Richard E. Dickerson, 1931~ 연구 그룹이, 왼쪽으로 꼬인 Z-DNA는 리치 연구 그룹이 밝혀냈다.

단백질 결정의 엑스선회절 분석의 역사는 여러 연구

가 무척 복잡하게 얽혀 있는데, 단순화하면 다음과 같다. 헤모글로빈을 결정화한 사례는 1800년대 중반까지 거슬러 올라가지만 현대적 의미의 결정화에 최초로 성공한 단백질은 요소 분해에 관여하는 유레이스 효소다. 이것은 1926년에 결정화되었지만, 그 구조는 2010년대에 밝혀졌다. 결정화되어 엑스선회절 분석이 적용된 최초의 단백질은 소화에 관여하는 펩신 효소다. 1929년 결정화되어 1934년 엑스선회절 분석 데이터가 산출되었지만, 정확한 구조는 1990년대에 확인되었다. 결정 엑스선회절 분석으로 구조가 알려진 최초의 단백질은 근육에서 산소를 저장 및 공급하는 미오글로빈myoglobin 단백질이다. 1958년에 미오글로빈의 구조가 밝혀졌고, 1960년에는 헤모글로빈의 3차원 구조가 밝혀졌다. 오늘날 알려진 3차원 분자 구조의 95% 이상이 엑스선회절 분석법의 결과인 것으로 산출된다. 엑스선회절 분석법은 나노미터 수준의 세계를 들여다보는 눈으로서 연구자들의 필수적인 도구가 되었다. 최근에는 단백질 결정을 고압력에서 분석하는 고압 엑스선회절 분석법으로 발전하고 있다.

엑스선을 통한 물리학과 생명과학의 연결에는 또 다

른 재미있는 역사가 있다. 1861년 빛의 본질이 전자기파임을 밝힌 제임스 클러크 맥스웰^{James Clerk Maxwell, 1831~1879}은 1871년 케임브리지대학교 물리학부의 캐번디시연구소를 설립하는 임무를 맡아서 설립자이자 초대 소장으로 부임했다. 캐번디시연구소는 그 후 2019년까지 30명의 노벨상 수상자를 배출하여 20세기 과학에 크게 공헌한 연구소로 명성을 떨치고 있다. 윌리엄 로런스 브래그 역시 여기서 1년 차 연구원으로 연구하던 도중 브래그 법칙에 대한 발상을 떠올렸다. 그는 훗날 캐번디시연구소 소장이 되었다. 그가 소장으로 재임하던 기간에 캐번디시연구소에서 왓슨과 크릭이 DNA 이중나선 구조를 제안하였으며, 미오글로빈 구조를 존 카우더리 켄드루^{Sir John Cowdery Kendrew, 1917~1997}가, 헤모글로빈 구조를 맥스 퍼디낸드 퍼루츠^{Max Ferdinand Perutz, 1914~2002}가 밝혀냈다.

1919년 한 미국 물리학도가 미국국가연구이사회^{National Research Council} 장학생으로 캐번디시연구소에 유학을 왔다. 그는 유학을 마치고 미국으로 돌아간 뒤 엑스선과 전자를 충돌시키는 실험을 하고 그 결과를 1923년 발표한다. 이 충돌 실험의 결과로 광전효과로부터 알베르트 아인슈타인^{Albert Einstein, 1879~1955}이 제안한 빛의 입자성이 증명되었고, 해당 실험은 물리학자의 이름을 따서 콤프턴^{Arthur Holly Compton, 1892~1962} 산란이라고 불린다. 이 실험은 파동성과 입자성의 양립에 대한 양자역학적 고민의 중요한 기틀이 된다.

앞에서 언급했듯이 1910년대에 엑스선이 발견되고 결정학, 재료화학, 미네랄학 분야가 급속히 발전했음에도 불구하고, 엑스선회절 분석법을 통한 생체 고분자의 결정 구조 규명은 1970년 초반에야 이루어졌다. 고분자와 단백질의 결정 구조에 대한 연구가 다른 분야보다 늦게 발전한 가장 중요한 이유는 단백질 결정화, 특히 결정 만들기의 첫 단계인 결정핵생성 nucleation이 어려웠기 때문이다. 이와 관련하여 다음의 5가지 주요 원인을 살펴보자.

첫 번째, 단백질의 구조는 3차원으로 복잡하고, 이 구조가 정확하게 맞물려야 결정을 형성할 수 있다. 단백질 각각의 구조적 특성 때문에 특정 조건에서만 결정화 crystallization할 수 있다. 즉, 결정이 되는 조건이 매우 제한적인데, 이를 알아내기 위해 수많은 실험을 반복해야 한다.

두 번째, 순수한 단백질 시료를 준비하기가 어렵다. 단백질이 미세한 불순물을 포함하는 경우가 많고, 열이나 pH 변화에 쉽게 변형되어 구조가 바뀔 수 있으므로 핵생성 조건을 찾는 것도 어려우며, 단백질 변성이 성장을 방해할 수 있다.

세 번째, 단백질 분자 간의 상호작용은 대부분 비교적 약하며, 이는 결정을 형성하기 위한 정확한 배열을 얻기 어렵게 만든다. 또한 이 상호작용 역시 pH, 온도, 염농도에 매우 민감하게 반응한다.

네 번째, 핵생성을 위해 단백질이 과포화되는 조건을 찾아야 하지만, 단백질은 특정 조건에서만 충분히 농축될 수 있다. 이를 달성하기가 어렵고 때때로 단백질이 변성되거나 침전되어버린다.

다섯 번째, 단백질 분자는 고분자이고 구조가 복잡하므로 움직임이 느리고 결정 격자 내에서 적절한 위치를 찾는 과정에 시간이 많이 소요될 수 있다. 이는 결정화를 더욱 어렵게 한다.

이러한 이유들로 인해 단백질 결정화에는 매우 정밀하게 조절한 실험 조건이 필요하다. 핵생성 단계를 극복하기 위해서는 특정 단백질에 맞는 최적의 조건을 찾아내는 실험적 탐색이 필수적이다. 이 과정은 시간이 많이 소요되고 때로는 많은 단백질 시료가 필요하다.

결정화 과정에서는 핵생성을 촉진하기 위해 온도 조절, pH 변경, 용매 첨가, 염 농도 조절 등 여러 가지 조건을 변화시킨다. 그러나 이러한 전통적 방법을 아무리 시도해도 단백질 결정핵이 만들어지지 않아 실험적인 기술로 외부에서 핵으로 작용할 수 있는 물질인 머리카락을 넣은 사례도 있다. 머리카락 추가는 일종의 시드 seed 물질 추가로 인해 핵생성이 촉진된 방법으로 볼 수 있다. 머리카락이나 기타 유사한 물질은 단백질 결정화에서 서로 다른 표면을 제공하며, 이 표면들은 단백질 분자들이 초기 결정핵을 형성하도록 도울 수 있다. 그러나 단백질 결정화에서 머리카락이나 기타 비표준 물질을 사용하는 것은 주로 실험적인 탐색의 일환으로 매우 드문 경우다. 이러한 방법은 전통적인 핵생성 방법이 실패할 때 대안적 접근 방식으로 고려할 수 있으나 효과가 매우 변동적이며, 사용하는 특정 단백질과 실험 조건에 따라 크게 달라질 수 있다. 머리카락이나 다른 비표준 물질을 사용하면 실험의 재현성과 순수성을 확보하기 어려울 수도 있다. 일반적으로 연구자들은 더 통제된 방법을 선호하며 단백질 결정핵생성을 위해 특별히 설계된 화학물질이나 조건을 사용한다. 여하튼 이처럼 다양한 방법이 시도된 사례는 단백질 결정화가 그만큼 어렵다는 것을 시사한다.

김성호 교수와 알렉산더 리치의 연구 팀은 엑스선 결정학을 통해 tRNA의 3차원 구조를 성공적으로 해석했다. 이들은 특히 효모로부터 추출한 페닐알라닌 tRNA의 구조를 밝혀냈는데, 이 연구를 통해 전이 RNA^{tRNA} 구조가 'L' 형태이며 그 구조가 아미노산의 운반과 단백질 합성 과정에서 중요한 역할을 한다는 것을 알아냈다. 이 발견으로 tRNA가 어떻게 아미노산을 인식하고 리보솜의 특정 위치에 아미노산을 정확하게 위치시키는지에 대한 이해가 깊어졌다. 또한 이 연구는 RNA 분자의 구조적 다양성과 복잡성을 보여주며 RNA 분자가 세포 내에서 다양한 생화학적 역할을 수행할 능력이 있음을 시사한다.

tRNA 구조에 대한 김성호 교수와 리치의 연구는 이후 RNA 구조와 기능에 대한 연구에 광범위하게 영향을 미치고 구조생물학, 분자생물학 그리고 생명과학의 다른 분야에서 중요한 기초가 되었다. 김성호 교수는 지금도 미국 캘리포니아대학교 버클리University of California, Berkeley 분자 및 세포생물학과 교수로 재직하며 구조생물학, 특히 단백질과 핵산의 3차원 구조를 규명하는 연구를 진행하고 있다.

최근에는 빛과 결정학이 결합한 광결정학^{photo-crystallography}이 발전하면서 생체분자 구조 및 메커니즘 연구가 열기를 띤다. 결정 구조 내의 분자들은 외부로부터 오는 다른 광원^(레이저, UV 등)으로 인해 화학적으로 변화할 수 있다. 광결정학이란 이처럼 추가적인 외부 광원에 따른 변화를 원자 단위에서 실험적으로 관찰하거나 추적하는 데 활용할 수 있는 분야다. 엑스선 광결정학에서 방사선 가속기의 고에너지 엑스선을 사용하면 생체분자 구조의 정보를 얻을 수 있다. 생체분자 단백질의 세부 구조와 원자 배치를 기존 결정학보다 더 높은 분해능으로 정확하게 파악할 수 있을 뿐만 아니라 짧은 시간에 데이터를 수집하므로 생체분자를 파괴하지 않고 분석할 수 있다. 자동화 분석 시스템을 사용하므로 고속으로 결정체를 생성하고 분석할 수 있다. 또한 화학결합이 끊어지며 중간체가 생성되고 중간체가 다시 다른 물질과 반응해 새로운 화학결합을 형성하는 전 과정을 카메라로 사진을 찍듯이 분석할 수 있다. 이처럼 단백질 구조 규명의 효율성과 정확성을 크게 향상하며 그 메커니즘을 분석할 수 있어 생체분자의 연구와 응용 분야에 널리 활용되고 있다.

5

고분자

배위 고분자

금속 유기 골격체

폴리머 polymer
모노머 monomer
폴리에틸렌 polyethylene
폴리프로필렌 polypropylene
폴리비닐클로라이드 polyvinyl chloride
폴리에스테르 polyester
폴리아세틸렌 Polyacetylene, PA
도핑 doping
전도성 고분자 conducting polymer
절연체 insulator
생분해성 고분자 biodegradable polymer
폴리피롤 Polypyrrole, PPy
폴리아닐린 Polyaniline, PANI
폴리티오펜 Polythiophene, PTh
폴리3,4-에틸렌디옥시티오펜 poly3,4-ethylenedioxythiophene
폴리락틱산 Polylactic Acid, PLA
폴리하이드록시알카노에이트 Poly Hydroxy Alkanoates, PHA
폴리부틸렌 아디페이트 테레프탈레이트 Polybutylene Adipate Terephthalate, PBAT
배위 고분자 coordination polymer
금속 유기 골격체 Metal-Organic Framework, MOF
공유 유기 골격체 Covalent-Organic Framework, COF
기능기 functional group
전이 금속 착물 transition metal complex
리간드 ligand

고분자는 분자들이 반복적으로 결합하여 분자량 molecular weight이 대략 1만 이상인 물질이다. 영어로는 폴리머 polymer라고 하는데, 많은 혹은 다수라는 의미의 그리스어에서 유래한 폴리 poly와 모노머 monomer가 결합한 말이다. 여기서 모노머는 고분자를 구성하는 작은 분자 단량체 혹은 단위체라고 한다. 흔히 고분자는 유기 고분자를 일컫는다. 고분자를 분자량에 따라 세분화하면, 분자량이 1만에서 2만 정도까지를 저분자량 고분자, 2만에서 수백만 사이의 물질을 고분자량 고분자라 정의한다.

우리는 수많은 고분자 속에서 일상생활을 하고 있다. 우리가 많이 사용하는 플라스틱은 폴리에틸렌 polyethylene이다. 이는 에틸렌 단량체를 합쳐서 만든 고분자이다. 텀블러, 의료용품에 많이 사용되는 폴리프로필렌 polypropylene, 폴리비닐클로라이드 polyvinyl chloride, 폴리에스테르 polyester와, 스

131

타킹 등 강화된 섬유로 많이 사용되는 나일론[nylon] 등도 일상생활에 많이 활용되는 고분자들이다. 이러한 유기 고분자는 모노머들의 공유결합으로 연결되어 있다. 다당류인 전분[starch], 글리코겐[glycogen], 섬유소[fibrin]는 단당류들로 이루어진 고분자이다.

유기 고분자 중 전도성이 있는 전도성 고분자[conducting polymer]를 빼놓을 수 없다. 차세대 플렉서블 디스플레이 응용을 위해 많은 관심을 모으는 소재이다. 최초의 전도성 고분자는 폴리아세틸렌[Polyacetylene, PA]이며, 도핑[doping]을 통해 전도성을 띠게 되었다. 1977년 일본의 시라카와, 히데키[Hideki Shirakawa, 1936~], 미국의 앨런 제이 히거[Alan Jay Heeger, 1936~] 및 앨런 그레이엄 맥더미드[Alan Graham MacDiarmid, 1927~2007]는 폴리아세틸렌이 도핑을 통해 금속처럼 높은 전도성을 지닐 수 있다는 것을 발견했다. 이 발견으로 이들은 2000년에 노벨 화학상을 공동 수상했다.

1977년 고분자가 절연체라고 생각하던 그때 이들의 발견은 큰 혁신이었다. 이 혁신은 시라카와 팀의 대학원생이 폴리아세틸렌을 합성하는 과정에서 촉매를 1,000배 정도로 많이 넣는 우연한 실수가 계기가 되었다. 그 결과 연구 팀은 평소 결과와 다르게 높은 전도성을 띠는 은색 필름 형태의 고분자를 얻었다. 이렇게 과학에서 우연한 실수가 큰 발견을 만든 경우가 많으니 독자도 실수를 두려워하지 말고 왜 그런 결과가 나왔는지 분석해보는 자세를 가지길 권한다.

전도성 고분자에 대한 업적으로 노벨 화학상을 공동 수상한 물리학자 히거는 2005년 한국 광주과학기술원GIST의 히거신소재연구센터에서 연구 소장을 역임하며 전도성 고분자, 나노 복합 재료, 두루마리 디스플레이 등을 집중 연구한 바 있다. 폴리아세틸렌 외에도 전도성 고분자 개발에 관심이 많아서 폴리피롤Polypyrrole, PPy, 폴리아닐린Polyaniline, PANI, 폴리티오펜Polythiophene, PTh, PEDOT으로 더 잘 알려진 폴리3,4-에틸렌디옥시티오펜poly3,4-ethylenedioxythiophene을 도핑하여 전도성 고분자로 개발하였다. 특히 PEDOT:PSS(폴리스티렌설포네이트로 도핑된 PEDOT)는 전도성이 뛰어나고 투명하여 유기 태양 전지 및 플렉서블 디스플레이에 널리 사용되고 있다. 의학 진단 분야에서도 가격이 저렴하고 코팅하기 쉬운 전도성 고분자가 많이 사용되고 있다. 파킨슨병 등의 진단 센서에도 전도성 고분자 혹은 전도성 고분자-복합체 전극이 도파민 및 요소 센서 등으로 많이 활용되고 있다.

생분해성 고분자biodegradable polymer인 바이오플라스틱 bioplastic은 분해되어 이산화탄소와 물이 되는 소재이다. 예를 들면 폴리락틱산Polylactic Acid, PLA, 폴리하이드록시알카노에이트Poly Hydroxy Alkanoates, PHA, 폴리부틸렌 아디페이트 테레프탈레이트Polybutylene Adipate Terephthalate, PBAT 등이 있다. 이들은 전통적 플라스틱에 비해 제조 비용이 높고 낮은 강도 strength 및 경도hardness를 띤다는 단점이 있다. 이에 생분해성 플라스틱의 기능성을 강화하고 생분해 속도를 조절하기 위해 나노 다공성 물질인 활성탄, 실리카 나노 입자, 제올라이트나 금속 유기 골격체 등을 추가하는 연구가 활발히 진행되고 있다.

배위 고분자coordination polymer는 금속이온과 리간드의 배위결합coordination bond으로 형성된 고분자이다. 이 중 금속 이온 혹은 금속 클러스터가 리간드와 배위결합하여 만들어진 2차원 혹은 3차원 배위 고분자를 구성 요소의 관점에서 금속 유기 골격체Metal-Organic Framework, MOF라 부른다. 이들은 촉매, 기체 저장 물질, 약물 전달, 분리 등 상업적으로 응용할 수 있는 잠재력이 커서 많이 연구되고 있다. 금속 유기 골격체는 동공이 많은 다공성이 특징인데, 이로 인해 단위 부피 혹은 단위 무게에 비해 표면적이 크므로 많은 물질을 흡착하거나 저장할 수 있다. 금속 유기 골격체와 같이 다공성이 있어서 오래전부터 사용된 흡착제는 활성탄, 제올라이트, 실리카겔, 활성알루미나 4가지다. 이 흡착제들의 세계적인 매출 규모는 활성탄 10억 달러, 제올라이트 1억 달러, 실리카겔 2,700만 달러, 활성알루미나 2,600만 달러 등에 이른다. 우리가 흔히 먹는 김이나 스낵의 포장지 안에는 수분을 흡착하여 눅눅하지 않게 보관해주는 실리카겔이 흔히 동봉되어 있다. 또한 정수기나 다양한 필터에서 제올라이트를 쉽게 발견할 수 있다.

금속 유기 골격체는 흡착제에 비해 역사가 짧은 신소재다. 연구자들이 관심을 가지고 활발하게 연구한 지 20여 년쯤 되었다. 특히 캘리포니아대학교 버클리의 오마르 야기[Omar M. Yaghi, 1965~] 교수가 금속 유기 골격체 및 공유 유기 골격체[Covalent-Organic Framework, COF] 연구의 선구자이자 화학자로서 명성을 얻으며 노벨상 수상자로도 기대되고 있다. 금속 유기 골격체 소재는 상업적으로 응용될 가능성이 높다. 야기는 기존의 촉매로 많이 활용되던 전이 금속 착물transition metal complex의 한 자리 리간드monodentate ligand를 두 자리 양쪽 리간드bidentate ligand로 치환하여 다공성 금속 유기 골격체를 설계하였다. 나노 다공성 금속 유기 골격체 1g의 표면적을 얘기할 때 대형 축구장과 종종 비교한다. 금속 유기 골격체의 가장 큰 장점은 원하는 동공pore 크기와 물성을 가진 다공성 물질porous materials을 맞춤형으로 설계할 수 있다는 점이다. 레고를 만들 듯 다양한 기하 구조를 가진 금속과 수많은 유기 리간드를 활용하여 응용 목적에 맞는 금속 유기 골격체를 합성할 수 있기 때문이다.

야기는 2012년 카이스트 EEWSEnergy, Environment, Water, and Sustainability 대학원에서도 연구하였다. 이때 기공이 큰 금속 유기 골격 구조체를 개발해 비타민과 미오글로빈 같은 단백질을 다량으로 저장할 수 있는 원천 기술을 확보하는 데 성공하였다. 이 결과를 세계적 학술지 〈사이언스Science〉에 게재하고 난치병이나 희귀병 치료를 위한 단백질 약 전달, 선택성을 지닌 신약 개발 등의 다양한 응용 분야를 활발하게 연구하였다. 이후에도 카이스트와 협력 연구하며 나노 결정 금속 유기 골격체를 활용한 슈퍼커

패시터 supercapacitor를 개발하여 보고하기도 했다.

　　금속 유기 골격체의 대표적 물질인 MOF-5는 아연 금속이온과 리간드, 벤젠다이카복실산 1,4-benzenedicarboxylic acid(흔히 테레프탈산이라고도 불림)으로 이루어진 다공성 골격체다. 이들 벤젠 유기 리간드를 더 긴 벤젠 유도체 리간드로 교체하면 동공이 더 큰 다공성 골격체를 만들 수 있다. 또한 유기 리간드에 다양한 기능기 functional group를 도입함으로써 동공의 성질을 변화시켜 목적 맞춤형 소재를 개발할 수도 있다. 수소나 이산화탄소를 효율적으로 저장하기 위해 이들 기체의 크기에 맞는 최적형 동공 크기로 설계하거나 유기 리간드에 아민, 하이드록시기, 카복실기를 도입하여 원하는 기체와의 상호작용 효율을 높이는 등의 다양한 전략이 연구되어 보고되었다. MOF-177과 함께 기체를 저장하면 기존의 고압 탱크를 사용하는 것보다 효율이 9배 높다는 연구 사례도 발표되었다. 금속 유기 골격체는 또한 합성 후 변형 post-modification이 가능하고 합성 후 금속 및 리간드를 치환할 수도 있어 다양한 접근이 이루어지고 있다.

　　금속 유기 골격체로 약물을 전달하는 방법에 대한 연구도 많이 보고되고 있다. 주요 목적은 약물이 몸속에서 천천히 흡수되도록 하는 것이다. 금속 유기 골격체의 동공에 약물을 넣어 천천히 약물이 빠져나오도록 하거나, 아예 약물 자체를 리간드로 활용하여 금속 유기 골격체를 만들어 이를 pH에 따라 서서히 분해하도록 만들어 몸에서 천천히 흡수하도록 하는 연구도 이루어지고 있다. 약물 전달 외에 진단 등을 위해서도 금속 유기 골격체가 연구되고 있다. 이렇게 몸속에서 활용하기 위해 흡수에 도움이 되는 다양한 나노 크기로 금속 유기 골격체를 합성하는 전략 또한 중요한 연구 과제가 되고 있다.

6

산·염기

완충용액

지시약

극한 환경 생물

산 acid
염기 base
수용액 aqueous solution
염화수소 hydrogen chloride, HCl
수산화나트륨 sodium hydroxide, NaOH
양성자 주개 proton donor
양성자 받개 proton acceptor
암모니아 ammonia, NH_3
암모늄이온 ammonium ion, NH_4^+
하이드로늄이온 hydronium ion, H_3O^+
염화이온 chloride ion, Cl^-
강산 strong acid
역반응 reverse reaction
정반응 forward reaction
산해리상수 acid dissociation constant, K_a
산도 acidity
비극성분자 nonpolar molecule
산소산 oxyacid
전기음성도 electronegativity
유기산 organic acid
카복실 작용기 carboxyl functional group
양쪽성 amphoteric
자동 이온화 autoionization
이온곱상수 ion-product constant
수소이온 농도 지수 hydrogen ion concentration index, pH
완충용액 buffer solution
산-염기 적정 acid-base titration
당량점(중화점) equivalence point
종말점 end point
화학양론 stoichiometry
공액계 conjugated system
공액 분자 conjugated molecule

호산성 생물 acidophile
호염기성 생물 basophile
고세균역 domain Archaea
극한 효소 extremozyme

  산acid과 염기base는 일반인에게도 익숙한 용어이다. 산을 생각하면 '시큼하다', 염기를 생각하면 '미끌미끌하다'가 먼저 떠오른다. 우리는 초등학교 과정부터 산은 식초, 레몬 등 신맛을 내는 물질들을 일컫고 염기성 물질은 세숫비누나 세척액 등이라고 배운다.

  산과 염기의 개념도 화학 발전에 따라 확대되어왔다. 화학에서는 스반테 아우구스트 아레니우스Svante August Arrhenius, 1859~1927가 처음으로 산과 염기의 개념을 정의하였다. 그는 수용액aqueous solution에서 수소이온을 생성하는 물질을 산이라 정의하고, 수산화이온을 생성하는 것을 염기라 정의하였다. 예를 들어 염화수소hydrogen chloride, HCl 기체가 물에 녹으면 수소이온과 염화이온으로 분해되어 수소이온을 생성하므로 산으로 정의할 수 있다. 수산화나트륨sodium hydroxide, NaOH을 물에 녹이면 소듐이온sodium ion, Na⁺과 수산화이온hydroxide ion, OH⁻을 생성하므로 염기라 정의한다.

이 개념은 수용액에만 해당되고 염기에서도 수산화이온에만 한정되어 더 일반적인 정의가 필요하였다.

덴마크의 화학자 요하네스 니콜라우스 브뢴스테드 Johannes Nicolaus Brønsted, 1879~1947와 영국의 화학자 토머스 마틴 로리 Thomas Martin Lowry, 1874~1936가 정의한 산·염기 개념에서 산은 양성자 주개 proton donor, 염기는 양성자 받개 proton acceptor이다. 브뢴스테드-로리 산·염기 개념은 수용액뿐만 아니라 기체 상태의 반응에서도 적용할 수 있으므로 좀 더 확장된 개념이다. 기체 상태의 염화수소와 암모니아 가스가 반응할 때 염화수소는 암모니아 ammonia, NH_3에 양성자를 제공하므로 산이고, 암모니아는 양성자를 제공받아 암모늄이온 ammonium ion, NH_4^+이 되므로 염기가 된다. 수용액에서도 마찬가지다. 염화수소 기체가 물에 녹을 때 염화수소 HCl 기체가 물에 양성자를 주기 때문에 브뢴스테드-로리산이고, 물은 여기서 양성자를 받기 때문에 염기가 된다. 물이 양성자를 받아 하이드로늄이온 hyronium ion, H_3O^+을 형성하는 것을 생각하면 이해할 수 있다.

여기서 짝산과 짝염기의 개념이 파생된다. 화학반응

식에서 보면 산은 양성자를 내놓고 짝염기가 되고, 염기는 양성자를 받아 짝산이 된다. 염화수소는 산이며 이것의 짝염기는 양성자를 잃은 염화이온chloride ion, Cl⁻이 된다. 일반화하면 HA와 A⁻가 짝산과 짝염기 쌍이 된다. 이들의 성질도 간단히 알아보자. 염화수소는 강산strong acid이므로 거의 100% 이온화된다. 이는 역반응이 거의 일어나지 않는다는 뜻이므로 염화수소의 짝염기인 염화이온은 양성자를 받는 반응이 거의 일어나지 않는다는 뜻이다. 이에 강산의 짝염기는 약한 염기가 된다. 반응식에 두 염기, 즉 물과 염화이온 간의 경쟁은 중요하다. 물이 염화이온보다 강염기이므로 반응이 정반응으로 우세하게 일어나는 것이다. 그러나 생성물 쪽에 있는 산의 짝염기가 물보다 강한 염기이면 반응은 역반응reverse reaction이 우세하여 평형 위치가 왼쪽으로 치우칠 것이다. 그러면 녹아 있는 대부분의 산은 이온ion 형태가 아닌 HA 형태로 용액에 존재한다. 이렇게 산 분자가 이온화 상태로 해리되는 정도를 산해리상수acid dissociation constant, K_a라고 부르며, 이는 산도acidity를 결정하는 데 매우 중요하다.

물질이 물에 녹아 양성자를 내면 산성 용액이 되고,

양성자를 받으면 염기성 용액이 된다. 그러면 수소 원자를 포함하고 있는 물질은 잠재적으로 산이다. 그러나 클로로포름chloroform, CHCl₃처럼 양성자를 포함하고 있지만 내놓지 않는 산이 아닌 물질도 있다. C-H 결합을 포함하고 있는 비극성분자nonpolar molecule들은 양성자를 잘 내놓지 않아 산성 수용액을 잘 만들지 않는다. 분자 내 결합과 극성polarity을 함께 고려하면 산성도를 짐작할 수 있다. 예를 들어 대표적인 강산인 HCl은 결합력이 C-H 결합과 비슷하지만, 극성이 커서 물에 녹았을 때 쉽게 해리된다. 그러나 플루오린화수소hydrogen fluoride, HF는 극성이 강하나 결합력이 565kJ/mol로 염산의 결합력 427kJ/mol보다 월등하게 강하여 양성자를 잘 내놓지 않아 약산이 된다. 산소를 포함하고 있는 산소산oxyacid은 산소가 전자를 끌어당기는 능력이 높아 결합한 산소 수가 증가할수록 양성자를 쉽게 내놓는다. 결합된 산소 수가 많은 과염소산perchloric acid, HClO₄은 강산일 것이라고 쉽게 짐작할 수 있다. H-O-X기를 포함하고 있는 산에 대해서는 X가 결합 내에서 전자를 끌어당기는 능력, 전기음성도electronegativity가 커질수록 양성자를 내놓기가 쉬워지므로 산의 세기가 강해진다.

수용액의 강한 산으로는 염산[hydrochloric acid, HCl], 황산[sulfuric acid, H_2SO_4], 질산[nitric acid, HNO_3]과 과염소산[perchloric acid, $HClO_4$] 등이 있다. 이들은 물에서 100% 이온화된다. 약산으로는 유기산[organic acid]이 대표적이다. 유기산은 산성을 띠는 유기화합물을 모두 일컫는다. 보통 카복실 작용기[carboxyl functional group]를 가지고 있으며, 아세트산[acetic acid]이나 벤조산[benzoic acid]이 있다. 앞에서 설명했듯이 약산은 평형 반응에서 반응물 쪽으로 반응이 치우쳐 있다. 대부분의 유기산이 여기에 속한다. 유기산의 짝염기는 물보다 강한 염기여서 물이 양성자를 잘 받아 오지 못해 수용액에서 산분자[HA] 상태로 많이 남게 된다. 약한 산일수록 더 센 짝염기를 내어놓는다.

우리가 흔히 산이나 염기라고 정의하는 성질은 수용액에서의 성질이다. 그러므로 다른 용매와 만나면 상대적으로 산도가 달라질 수 있다. 물은 만나는 분자에 따라 산성도 될 수 있고 염기성도 될 수 있는 양쪽성[amphoteric] 물질이다. 물의 자동 이온화[autoionization] 반응을 보자. 2개의 물 분자가 반응하면 한 물 분자는 양성자를 주면서 산으로 행동하고 다른 물 분자는 산을 받아 염기로 정의되며, 결과적으로 수산화이온과 하이드로늄이온을 내놓는다. 자동 이온화 반응의 평형상수식은 수소이온과 수산화이온의 곱으로 나타내며, 이온곱상수$^{ion-product constant}$ 또는 해리상수$^{dissociation constant}$라 부른다. 실험 결과에 따르면 25℃에서 10^{-14}이다. 산의 세기를 언급할 때는 흔히 수소이온 농도 지수$^{hydrogen ion concentration index, pH}$를 많이 이야기한다. 이는 일반적으로 양성자가 녹아 있는 정도가 너무 작아 용액의 산도를 얘기할 때 상용로그의 마이너스값을 사용하여 pH 척도로 표시한다. $pH = -\log[H^+]$, $pOH = -\log[OH^-]$이다. pH 범위는 0~14이고, $pK = pH + pOH = 14$, 중성이면 $pH = pOH = 7$이 된다. 7보다 작으면 양성자가 있으므로 산이라 분류하고 7보다 크면 염기라 부른다.

산·염기 반응 중에는 브뢴스테드-로리 산·염기 개념으로 설명되지 않는 반응이 많다. 1920년대 초 길버트 뉴턴 루이스$^{Gilbert Newton Lewis, 1875~1946}$가 산과 염기의 개념을 전자쌍 주개$^{electron pair donor}$와 받개^{acceptor} 개념으로 제안하였다. 루이스산은 전자쌍 받개이고 루이스염기는 전자쌍 주개이다. 삼플루오르화붕소^{BF_3}와 암모니아^{NH_3}의 기체상 $^{gas phase}$ 반응을 살펴보자. 6개의 전자를 가지고 있는 붕소는 고립 전자쌍 1쌍을 가지고 있는 암모니아와 반응하여 팔전자 규칙^{octet rule}을 만족한다. 따라서 전자쌍 주개가 된 암모니아는 루이스염기가 되고, 전자쌍 받개인 삼플루오르화붕소^{boron trifluoride, BF₃}는 루이스산이 된다. 대부분의 금속이온도 리간드의 고립 전자쌍^{lone pair}을 받아 루이스산이 되고, 전자쌍 주개인 리간드는 루이스염기가 된다.

산·염기 개념에서 완충용액^{buffer solution}을 빼놓을 수 없다. 완충용액이란 강산 또는 강염기가 첨가되었을 때 pH 변화를 억제하는 용액이다. 완충용액은 좁은 pH 범위에서 생존할 수 있는 세포 생명체에 절대적으로 중요하다. 인간은 생존하기 위해 혈액의 pH가 7.35에서 7.45 사이로 유지되어야 한다. 인간의 혈액은 많은 완충 시스템을 포함하고 있지만, 그중 가장 중요한 것은 탄산^{carbonic acid, H₂CO₃}과 탄산수소이온^{bicarbonate ion, HCO₃⁻}의 혼합물이다. 이처럼 완충용액은 일반적으로 약산과 그 짝염기로 이루어진다. 대표적인 예시 물질이 아세트산^{acetic acid, CH₃COOH}과 아세트산소듐^{sodium acetate, NaCH₃COO}으로 이루어진 용액이다. 용액 속에서 약산인 아세트산과 그 짝염기인 강한 염기 아세트산이온^{acetate ion, CH₃COO⁻}이 존재하게 된다. 아세트산이온은 양성자에 강한 친화력이 있으므로 강산이 들어오면 양성자와 바로 반응하여 양성자가 용액에 쌓이지 않게 하여 산성이 되는 것을 막아준다. 또한 수산화나트륨[NaOH]과 같은 강염기가 첨가되면 강염기가 바로 해리되어 수산화이온[OH]을 내놓으며, 이 수산화이온은 양성자에 대한 친화력이 강하여 약염기인 아세트산의 양성자와 반응한다. 따라서 수산화이온은 용액에서 쌓이지 않고 계속 소모되어 염기의 영향을 받지 않는다. 완충용액은 양성자에 친화력이 높은 짝염기와 수산화이온에 대한 친화력이 높은 약산의 존재 덕분에 용액에 녹아 있는 양성자와 수산화이온의 증가를 억제할 수 있기 때문이다. 단, 완충작용을 하는 약산과 그 짝염기의 농도가 첨가 산이나 염기의 농도보다 커야 한다. 완충 역할을 할 수 있는 양성자 수나 수산화이온의 양을 완충 용량이라고 한다.

산이나 염기의 농도를 알기 위해 농도를 이미 아는 염기나 산을 사용하는데, 이 방법을 산–염기 적정[acid-base titration]이라고 한다. 이 적정 과정에서는 농도를 아는 용액을 분석할 물질(수산화이온이나 양성자)이 완전히 소모될 때까지 가한다. 양성자와 수산화이온의 농도가 같아지는 당량점(중화점)equivalence point은 적절한 지시약의 색깔 변화로 알아낸다. 여기서 당량점과 종말점end point의 차이를 잠깐 언급하겠다. 당량점은 화학양론stoichiometry적으로 중화반응이 완결되는 점이고, 종말점은 지시약을 이용하여 실험적으로 찾은 당량점이다. 두 값의 차이가 매우 작기 때문에 종말점과 당량점은 같다고 간주한다. 산·염기의 당량점을 결정할 때는 흔히 지시약을 사용한다. 산·염기 지시약은 약한산으로 산과 그 짝염기의 색깔이 달라 산의 세기를 알 수 있다. 페놀프탈레인 지시약의 분자는 대체로 복잡하여 HIn으로 나타내고 그 짝염기는 In$^-$로 나타낸다. 색을 보일 때는 인접한 결합과 p 오비탈의 겹침이 이루어져 공액계conjugated system가 형성되어 공액 분자conjugated molecule가 되고, 색이 변하거나 없어지는 것은 전자가 이동하여 p 오비탈의 겹침이 변하거나 끊어지는 것을 의미한다. 페놀프탈레인phenolphthalein은 보편적으로 가장 많이 쓰이는 지시약인데 약산 분자, 즉 HIn 형태일 때는 무색을 띠고, 염기성 형태인 In$^-$일 때는 공액 분자로 연분홍색을 띤다. 자연산 지시약은 사탕무 껍질, 블루베리, 모닝글로리, 수국 등이 있다. 예를 들어 수국꽃은 산성 토양에서는 푸른색이 되고, 염기성 토양에서는 붉은색 수국꽃이 피어난다. 붉은 양배추는 pH 1~2에서는 진한 빨강, pH 4에서는 보라색, pH 8에서는 파랑, pH 11에서는 녹색을 띤다.

식물은 유기산으로 대화한다고 알려져 있다. 담뱃잎이 담배 모자이크 바이러스Tobacco Mosaic Virus, TMV에 감염되면 많은 살리실산salicylic acid을 생산하여 바이러스와 싸운다. 이때 일부 살리실산이 휘발성 높은 살리실산메틸methyl salicylate로 전환되어 방출되며 이를 다른 식물들이 흡수하여 살리실산으로 전환시켜 TMV의 공격에 대비하는 면역 체계를 준비한다.

벌은 다른 개체를 유인하기 위해 아세트산을 사용하고, 개미는 유기산인 폼산formic acid으로 대화한다고 알려져 있다. 폼산을 활용하여 위험을 알리거나 자신의 영역을 표시하는 등 사회적 상호작용을 한다고 한다. 이처럼 동일한 개체들이 소통을 위해 사용하는 화학물질을 페로몬pheromone이라고 하며, 이러한 유기산도 페로몬에 속한다. 페로몬은 짝짓기를 위해 분비되는 물질만을 지칭한다는 인식이 강한데, 특정 종 내에서 소통할 수 있게 하는 모든 종류의 화학적 신호 물질을 페로몬이라고 한다. 프랑스

소설가 베르나르 베르베르^{Bernard Werber, 1961~}의 《개미》라는
책에서는 이와 관련하여 재미있는 과학적 상상을 접할
수 있다.

생물이 서식하는 지구 환경은 대부분 pH 5~9 정도로 중성 pH를 크게 벗어나지 않는다. 따라서 대부분의 생물은 이러한 중성 pH에 적응되어 있다. 하지만 강산성이나 강염기성과 같은 극한의 pH 환경에서 서식하는 생물도 존재한다. pH 2.0 이하의 강한 산성 환경에서도 생존하는 생물을 호산성 생물acidophile이라고 하며 pH 9.0 이상에서 잘 생존하나 중성 pH에서는 생장에 제한이 있는 생물을 호염기성 생물basophile이라고 한다. 이러한 극한의 pH 환경에서 서식하는 생물은 대체로 고세균역domain Archaea에 속하는 경우가 많다. 우리가 흔히 세균bacteria이라고 하는 것들은 진정세균역domain Bacteria의 세균을 말한다. 지구 상의 모든 생명체를 고세균역, 진정세균역, 진핵생물역domain Eukarya 3역으로 분류하는 것을 보면, 고세균역과 진정세균역의 미생물은 모두 핵이 없는 원핵생물prokaryote이라는 공통점이 있지만 상당한 차이점도 있음을 예상할 수 있다. 특히 고세균역에는 극한의 pH뿐만 아니라 극한의 온도나 고염, 고압 같은 일반적 생물이 살 수 없는 극한 환경에서 생존하는 생명체가 많다.

그렇다면 호산성 생물과 호염기성 생물은 극한의 pH에서 어떻게 생존하는 것일까? 호산성 생물의 세포 내부가 강한 산성인 것은 아니다. 세포 내부가 강한 산성이 되면 DNA와 같은 생체분자가 파괴될 것이기 때문이다. 따라서 이들 생명체는 계속해서 에너지를 사용하여 수소 이온을 펌핑해서 외부 환경으로 내보낸다. 그럼에도 외부의 환경과 직접 맞닿아 있는 생체분자는 이러한 강한 산성을 견뎌내야 한다. 실제로 호산성 미생물의 세포벽에서 극한 효소extremozyme라는 위산보다도 강한 산성인 pH 1 미만에서 기능하는 효소가 발견되기도 했다.

강한 염기성 또한 생명체의 정상적인 과정을 방해한다. 강한 염기성 환경에서 DNA는 알칼리성 변성alkaline denaturation이라는 현상으로 인해 이중 가닥을 유지하는 수소결합이 끊어지고 세포막은 불안정해지며 세포 내의 많은 효소의 활성이 저하된다. 따라서 세포 내부를 산성화하려는 수동 기작과 능동 기작이 호염기성 미생물에서 발견된다. 수동 기작의 예로는 호염기성 미생물의 세포벽에 존재하는 갈락투론산^{galacturonic acid}이나 글루콘산과 같은 산성 잔기로 구성된 산성의 중합체를 통해 수산화이온이 세포 내부로 들어오는 것을 막는 것이 해당한다. 또한 능동적으로 에너지를 사용하고 펌핑하여 세포 외부의 수소이온을 세포 내부로 들여보내 세포 내부가 강한 염기성이 되는 것을 방지하는 능동적 기작도 발견되었다. 결국 호산성 또는 호염기성 생물이라 하더라도 이들 생물이 이러한 환경에서 잘 생존할 수 있는 이유는 세포 내 환경을 중성에서 크게 벗어나지 않게 해주는 특별한 기전들이 존재하기 때문이라 할 수 있다.

7

산화·환원 반응

산화·환원 반응 redox reaction
알짜 이온반응식 net ionic reaction equation
테르밋반응 thermite reaction
산화수 oxidation number
가전하 pseudo-charge
알칼리 금속 alkaline metal
알칼리 토금속 alkaline earth metal

NADH Nicotinamide Adenine Dinucleotide

발효는 산화·환원 반응이다. 발효 과정에서는 한 화합물이 산화되고 다른 화합물이 환원되는 과정이 일어난다. 산화·환원 반응에서는 전자가 이동하며 이 과정에서 에너지가 생산되거나 소비된다. 발효 과정은 산소가 없는 조건에서도 생명체가 에너지를 얻을 수 있는 중요한 방법 중 하나이다. 이 과정은 근육세포의 젖산발효나 효모에 의한 알코올발효처럼 다양한 생물학적 과정에서 볼 수 있다.

산화·환원 반응은 화학종 간의 전자이동이 관련된 반응으로, 많은 열이나 강한 빛을 방출하는 중요한 화학반응이다. 산화·환원 반응에서 한 화학종은 전자를 잃는데, 이를 산화되었다고 표현하며 전자를 얻는 다른 화학종은 환원되었다고 한다. 가장 보편적인 산화·환원 반응 redox reaction은 금속과 비금속이 반응하여 이온결합 화합물을 만드는 반응이다. 예를 들면 카메라 플래시에도 사용되는 마그네슘 금속^{Mg}과 산소 분자^{O_2}의 반응이 산화·환원 반응이다. 이 반응에서 마그네슘 원자는 2개의 전자를 잃고 산소 원자는 2개의 전자를 얻어 산화마그네슘^{MgO}을 형성한다. 금속과 산의 반응이 대부분 산화·환원 반응인데, 대부분 격렬한 반응이다. 아연^{Zn} 조각을 염산^{HCl}에 넣었을 때 일어나는 알짜 이온반응식은 다음과 같다.

$$Zn(s) + 2H^+(aq) \rightarrow Zn^{2+}(aq) + H_2(g)$$

이 반응을 쪼개서 보면 전자를 내놓는 산화 반응과 전자를 얻어 가는 환원 반응이 뚜렷하다. 아연^{Zn} 금속은 산성 용액에서 2개의 전자를 잃고 2가 아연 이온$^{Zn^{2+}}$이 되는 산화 반응을 하고 양성자$^{H^+}$는 2개의 전자를 얻어 수소 기체가 되는 환원 반응을 한다.

$$Zn(s) \rightarrow Zn^{2+}(aq) + 2e^-(\text{산화}) \;/\; 2H^+(aq) + 2e^- \rightarrow H_2(g)(\text{환원})$$

이렇게 산화 및 환원 반응은 항상 함께 일어날 수밖에 없다. 전자를 받는 종이 있어야 전자를 주는 종이 생길 수 있다. 산화 반응 쪽에서 내놓는 전자는 환원 반응 쪽에서 흡수된다.

또 다른 예로 높은 열을 방출하는 테르밋반응thermite reaction이 있다. 보통 금속산화물과 알루미늄 분말의 반응이며, 강한 열을 방출하는 발열반응이다. 높은 열을 발생시켜 금속산화물이 환원되어 순수한 금속을 생성한다. 대표적인 예는 철의 생산에 사용되는 철Ⅲ 산화물Fe_2O_3과 알루미늄Al 분말의 반응이며, 알루미늄은 전하가 없는 원소 상태의 금속에서 알루미늄 3가 양이온이 된다. 2개의 알루미늄 3가 양이온과 3개의 산소 2가 음이온이 만나 전하 균형을 이룬다. 이 반응에서 산화철은 철 3가 양이온이었으나, 3개의 전자를 얻어 전하가 없는 철 원자가 된다. 이 과정에서 매우 높은 열이 발생하여 반응물 주변의 온도를 수천 ℃까지 올릴 수 있으며, 이 온도는 철을 녹여 용융 상태로 만들기에 충분하다. 산화제는 다른 물질을 산화시키는 물질이고, 산소를 제공하는 물질(여기서는 철 Ⅲ 산화물)이다. 환원제는 다른 물질을 환원시키는 물질이고, 산소를 제거하거나 받아들이는 물질(여기서는 알루미늄)이다. 테르밋반응은 철도 레일 연결, 고온이 필요한 금속 용접 등 다양한 산업 분야에서 활용된다. 한편 엄청난 무게의 우주선을 우주로 발사하기 위해서도 많은 에너지가 필요하며, 이 에너지도 모두 산화·환원 반응으로 공급된다.

산화수$^{oxidation\ number}$ 개념은 산화·환원 반응에서 전자를 주고받는 것을 쉽게 나타내기 위해 사용된다. 실험적으로 결정되는 것이 아니라 화학결합을 이온결합으로 간주한 계산된 가전하$^{pseudo-charge}$이다. 대략 4가지 규칙에 따라 정할 수 있다. 첫 번째, 원소로 이루어진 물질에서 원소의 산화수는 0이다. 예를 들어 수소 분자^{H_2}에서 H의 산화수는 0이다. 두 번째, 단원자 이온에서 원소의 산화수는 그 이온의 전하와 같다. Zn^{2+} 이온의 산화수는 +2가 된다. 세 번째, 주요 원소 알칼리 금속$^{alkaline\ metal}$은 +1, 알칼리 토금속$^{alkaline\ earth\ metal}$은 +2, 플루오린$^{fluorine,\ F}$은 −1로 항상 같은 산화수를 갖는다. 네 번째, 수소는 +1의 산화수를 가지지만, 금속과 결합하였을 때는 −1의 산화수를 가진다. 이들 규칙은 순서도 형태로 사용된다. 산화수 개념을 활용하면 쉽게 산화 및 환원 반응을 정의할 수 있다. 산화수가 증가하면 산화 반응이 되고 산화수가 감소하면 환원 반응이 된다. 아연 이온이 강산에 녹았을 때의 반응을 보면 아연 금속^{Zn}이 아연 2가 양이온$^{Zn^{2+}}$이 되는 반응은 산화수가 0에서 2로 증가하므로 산화 반응이 되고, 양성자$^{H^+}$가 수소 분자^{H_2}가 되는 반응은 산화수가 1에서 0으로 감소하는 환원 반응이 된다. 이렇게 산화·환원 반응을 알아보는 쉬운 방법은 반응식의 원소들 사이의 산화수 변화를 확인해보는 것이다.

생명체의 물질대사에서는 산화·환원 반응의 예시를 많이 발견할 수 있다. 먼저 물질대사의 대표적인 반응으로 세포호흡과 광합성을 들 수 있다. 세포호흡은 복잡한 과정이지만 전체 반응을 놓고 보면 반응물로는 포도당 $C_6H_{12}O_6$과 산소 O_2가 사용되며 생성물은 이산화탄소 CO_2와 물 H_2O이 된다. 물론 이 반응의 주목적은 이산화탄소와 물을 생성하는 것이 아니라 포도당 1분자당 32분자의 ATP를 만들어내는 것이다.

세포호흡의 반응물인 $C_6H_{12}O_6$는 $6CO_2$가 되면서 수소 원자를 잃고 산소 원자는 얻은 것을 알 수 있다. 따라서 이는 산화 반응이라 할 수 있다. 반면 세포호흡의 또 다른 반응물인 $6O_2$는 $6H_2O$가 되는데, 산소 원자는 줄어들었으며 수소 원자는 얻었으므로 환원 반응이다. 흥미로운 점은 광합성의 전체 반응에서는 세포호흡의 반응물인 포도당과 산소가 생성물이 되고, 세포호흡의 생성물인 이산화탄소와 물은 반응물이 된다는 것이다. 따라서 세포호흡과는 반대로 $6CO_2$는 $C_6H_{12}O_6$로 환원되며 $6H_2O$는 $6O_2$로 산화된다.

또한 세포호흡의 전체 반응을 통해 포도당 1분자당 대략 32분자의 ATP가 얻어질 수 있지만, 반대로 광합성의 전체 반응에서는 오히려 빛 에너지가 투입되어야 한다. 또한 세포호흡, 발효, 광합성의 세부 과정을 보면 $NADH^{\text{Nicotinamide Adenine Dinucleotide}}$, $FADH_2^{\text{Flavin Adenine Dinucleotide}}$, $NADPH^{\text{Nicotinamide Adenine Dinucleotide Phosphate}}$가 각각 환원형으로 고에너지 전자 운반체로 사용되는 것을 확인할 수 있다. 이들의 산화된 형태는 각각 NAD^+, FAD, $NADP^+$이다. 예를 들어 젖산발효에서 피루브산이 젖산으로 바뀔 때 NADH는 NAD^+가 된다. 즉, NADH는 H와 전자 1개를 잃은 것으로 보인다. 실제로는 수용액에 있는 1개의 H^+를 더하여 2개의 H를 피루브산에 넘겨준다. 따라서 피루브산^{C_3H_4O_3}은 2개의 수소를 얻어 젖산^{C_3H_6O_3}이 되므로 환원되는 것이고 동시에 NADH는 NAD^+로 산화가 일어난다. 또한 NADH가 NAD^+로 바뀌면서 피루브산이 젖산이 되었으므로 피루브산보다 젖산의 에너지 수준이 더 높아졌을 것이라고 쉽게 추론할 수 있다.

젖산발효에서 피루브산이 젖산으로 바뀌는 이 반응이 필요한 이유는 젖산발효의 앞 단계인 해당 과정에서 NADH가 생성되기 때문이다. 산소가 없는 상태에서는 NADH가 NAD$^+$로 산화되면서 고에너지 전자를 미토콘드리아의 내막에 있는 전자전달계에 넘겨주지 못하기 때문에 피루브산이 전자전달계를 대신해서 전자를 수소이온과 함께 받아 젖산으로 환원된다. 반면에 산소가 있는 일반적 환경에서 NADH가 전자전달계에 2개의 전자를 넘겨주면 전자전달계의 마지막 단계에서 산소가 전자를 받아 수소이온과 함께 물을 만들며, 이 과정에서 생성된 양성자 구동력은 ATP 합성 효소를 통해 평균 2.5개의 ATP를 생성할 수 있다는 계산이 보고되었다.

8

화학전지

2차 전지

생물 연료전지

도체 conductor
전류 electric current
전기적 퍼텐셜에너지 electric potential energy
전위 electric potential

산화 전극 oxidation electrode, anode
환원 전극 reduction electrode, cathode
2차 전지 rechargeable battery
방전 discharge
재충전 recharge
1차 전지 primary battery
비에너지 밀도 specific energy density
표준 전극 전위 standard electrode potential
용량 capacity
리튬망간 산화물 Lithium Manganese Oxide, LMO
리튬 인산철 Lithium Iron Phosphate, LFP
전지 설계 cell design

생물 연료전지 biofuel cell

도체^{conductor}에서의 전류는 전하를 띤 자유전자라는 입자들의 일관된 흐름이다. 수 A$^{(암페어)}$의 전류가 흐른다고 했을 때 이 일관된 흐름의 속력은 도선에서 대략 10^{-3}m/s다. 이것은 달팽이의 속력에 비견될 정도로 매우 느린 흐름이다. 실제로는 전자 각각이 10^6m/s 수준의 속력으로 무작위의 방향성을 지니며 운동하지만, 외부에서 걸린 전위차 등의 이유로 이러한 개별 무작위 운동에 더불어 전체적 경향성이 있는 느린 흐름을 보인다. 전자의 질량$^{(9.1\times10^{-31}kg)}$과 전자의 흐름 속력을 따져보면 전자 1개가 가지는 전류 흐름의 운동에너지는 10^{-37}J 수준이다. 구리의 경우 상온에서 자유전자의 개수 밀도는 대략 10^{28}개/m^{3}로 부피 1m^{3}의 구리 안의 자유전자가 가지는 흐름 운동에너지를 모두 합하면 10^{-9}J 수준이 된다. 이 양은 일상생활에서 유용하게 활용하기에는 턱없이 부족한 양이다. 가정의 전류량은 수십 A 수준이므로 전류량이 어마

173

어마한 것도 아니다. 그렇다면 저항이나 열선 등에서 발생하는 열은 어떤 에너지에서 오는 것일까? 전류의 흐름 운동에너지가 열로 바뀐 것이 아니라 전위차에 의한 전기적 퍼텐셜에너지가 열로 바뀐 것이다. 그렇게 퍼텐셜에너지가 열 등으로 전환된 이후의 정상^{steady} 상태가 달팽이의 속력에 비견될 흐름 속력에 이른 상태이다. 전자 1개가 10V 전위차로부터 가지는 전기적 퍼텐셜에너지는 1.6×10^{-18}J로, 부피 1m^{3}의 구리 안의 자유전자가 가지는 전체 퍼텐셜에너지는 10^{10}J 수준이 된다. 이것은 한국의 원자력발전소가 1초에 생산하는 총에너지에 맞먹는 양이다. 즉, 비교적 적은 전위차로부터 막대한 양의 전기적 퍼텐셜에너지를 얻을 수 있는 이유는 도체 안의 자유전자 개수가 어마어마하게 많기 때문이다. 전기적 퍼텐셜에너지를 활용하지 않고 전류가 받는 로런츠힘을 활용하는 모터가 전류의 적은 흐름 속력으로부터 큰 힘을 얻을 수 있는 것 역시 도체 안의 자유전자 개수 덕분이다.

자유전자의 흐름은 전위차$^{(전압)}$를 조절하여 비교적 쉽게 운동을 조절할 수 있다는 것이 장점이다. 이러한 관점은 초등학교 과학 교과서에 소개되는 전류의 상하수도 모형에서도 잘 드러난다. 물길의 높이차를 전위차에 대응시키고 물의 흐름을 전류에 대응시키는 모형에서는 높이차와 물길의 연결 구조에 따라 물의 흐름이 자연스럽게 결정된다. 하지만 '상하수도 모형'에는 주의할 점이 있다. 이러한 모형을 표면적으로만 받아들이면 전기에너지를 수돗물처럼 가정에서 수도꼭지를 틀어서 쓰는 것으로 오해하는 경우가 생긴다. 즉, 가전제품을 콘센트에 연결하면 전기 혹은 전류가 콘센트에서 흘러나와서 제품으로 공급된다고 여기는 것이다. 이러한 오개념은 발전소를 전류 공급 장치로 이해하거나, 전지를 물병처럼 여겨서 물병에 물이 담겨 있듯이 전지에 전류가 담겨 있다가 뚜껑을 열면 흘러나온다고 생각하는 등의 잘못된 이해로 이어진다. 상하수도 모형의 물에 해당하는 자유전자는 콘센트에 연결되기 전부터 이미 전자 제품 내부의 도선에 존재하며, 콘센트로부터 따로 특별히 더 주입되는 것이 아니다. 특히 가정에서 사용하는 교류전류는 전자의 흐름이 아니라 전자의 진동을 이용하는 것으로, 물을 받아서 쓰듯이 전자를 받아서 쓴다는 오개념과는 크게 다르다.

그렇다면 콘센트에 전기 기구를 연결하는 것은 어떤 역할을 할까? 콘센트는 2개의 전극 사이에서 일정한 전위차를 유지시켜주는 역할을 한다. 교류전압의 경우 전위차가 시간에 따라 일정하게 진동한다. 즉, 발전소는 전위차 유지 장치 혹은 발생 장치이다.

물리적으로 전위차를 만드는 방법은 크게 2가지로 볼 수 있다. 하나는 전하들의 정적인 분포를 이용하는 것이고 다른 하나는 자석의 동적인 움직임을 이용하는 것이다. 전하를 이용하는 방법은 양전하 주위는 전위가 높아지고 음전하 주위는 전위가 낮아지는 현상을 활용하는데, 이는 정전기력(쿨롱힘)을 이용하는 것으로도 볼 수 있다. 자석을 이용하는 방법은 바로 전자기유도 현상을 이용하는 것이다. 이것은 자석 주변에서 전하가 움직이면 전하가 힘을 받는 로런츠힘을 이용하는 것으로도 볼 수 있다. 지속적인 전위차를 만들고 유지하기에는 정전기적 방법보다 전자기유도가 훨씬 유리하며, 발전소에서 전위차를 만들 때도 전선 코일 사이에서 자석 배열을 회전시키는 방법을 사용한다.

정리하면, 가정에서 사용하는 '전기'는 수돗물처럼 틀어서 쓰는 것이 아니고 발전소를 통해 콘센트 양쪽 전극에서 유지되는 전위차를 전기 기기에 연결함으로써 전위차가 기기에 강제된 것이다. 기기에 전위차가 강제되면 전기 기기 내부의 자유전자들이 전기적 퍼텐셜에너지를 가지게 되고, 이 퍼텐셜에너지는 최종적으로 각각의 소자에서 열 또는 기계적 에너지^(예를 들어 모터) 등으로 전환되어 목적에 맞게 사용된다.

그렇다면 전지는 전위차^(전압)를 어떻게 생성 또는 유지하는가? 결론부터 말하면 전지는 정전하 분포 또는 전자기유도와 같은 물리적 방법으로 전위차를 유지하는 것이 아니다. 예를 들어 고등학교 화학에서 화학전지로 다루는 볼타전지의 경우 황산 용액에 아연판과 구리판을 담그고 두 판을 도선으로 연결하면 도선을 따라 전류가 흐른다. 이때 황산 용액, 아연판, 구리판, 도선 각각은 처음부터 전기적으로 중성이고 외부에서 가해지는 자기력 같은 것도 없다. 단지 아연 원소가 황산 용액 내에서 금속 고체 상태로 있는 것보다 아연 이온으로 존재하는 것이 화학반응의 자발성이 큰 방향이기 때문에 발생하는 현상이다. 쉽게 말해서 아연판과 황산 용액이 처음 준비한 상태 그대로 존재하는 것보다 다른 상태로 존재하는 것이

화학반응성 측면에서 더 안정적이라는 것이다. 화학전지의 화학반응의 자발성은 주로 금속판의 응집 에너지 차이와 용액 속 금속의 이온화 에너지 차이에서 결정된다. 그리고 이러한 화학반응에 수반되어 자유전자의 흐름이 발생하며, 우리는 이러한 흐름을 전위차로 활용한다.

화학전지는 화학반응의 경향성을 이용하여 자유전자의 흐름을 만들어내며, '전기'를 담고 있는 것이 아니라 중성 물질의 배열을 통해 화학반응의 발생을 조절하는 것에 가깝다. 도선을 통해 자유전자가 이동하는 통로가 생기면 화학반응이 급격하게 발생하고, 그렇지 않으면 화학반응이 발생하지 않도록 구조화되어 있다. 전지 내에 구조화된 화학반응이 만약 가역반응이라면 우리는 외부에서 전지에 적절한 조건을 가하여 전지 내부를 화학반응의 반응성이 높은 방향으로 되돌려놓을 수도 있을 것이다. 이것이 2차 전지rechargeable battery에서의 충전 과정이다. 즉, 충전은 '전기'를 전지에 저장하는 것이 아니라 전지 내부의 물질 배열을 전지를 사용하기 이전 상태로 되돌리는 것이다. 참고로 2차 전지를 충전지 또는 축전지라고 부르는데, 자유전자를 물리적, 직접적으로 저장하는 장치는 축전기^{capacitor}라고 한다. 전지 내부의 구조상 또는 물질의 종류에 따라 가역반응이 불가능하면 1차 전지인 1회용 전지가 된다.

이처럼 전지는 화학반응을 이용하고 그 과정에 자유 전자의 흐름이 수반된다. 전하량 보존 법칙을 떠올린 독자라면 아마도 전지의 화학반응에는 반드시 양이온의 흐름이 수반될 것이라고 예상했을 것이다. 양이온의 주요 이동 통로가 전해질이며, 현재까지 상용화된 전지는 액체 용액을 전해질로 사용한다. 액체 전해질을 고체 전해질로 대체하려는 연구가 최근 과학기술계의 최대 관심사 중 하나다. 이것이 바로 미디어에 자주 등장하는 전고체 배터리이다.

전지는 주로 산화 및 환원 반응을 이용하여 자발적인 화학에너지 반응을 전기에너지로 변환하는 저장 장치이다. 일반적인 자발적 반응에서 음극은 산화 반응이 일어나는 산화 전극oxidation electrode, anode이며, 양극은 환원 반응이 일어나는 환원 전극reduction electrode, cathode이다. 음극과 양극의 개념은 충전 과정에서 반대가 되므로, 혼동하지 않도록 산화 전극과 환원 전극을 사용하는 것이 좋을 듯하다. 산화 전극에서 발생한 전자는 전기회로를 통해 환원 전극으로 이동하며, 이 전자의 이동이 전기에너지 생성 혹은 저장의 중요한 메커니즘이다.

2차 전지는 방전discharge되었을 때 재충전recharge할 수 있다. 반면 화학반응이 한 번으로 끝나며 충전되지 않는 1회용 전지를 1차 전지라고 한다. 여기서 방전은 자발적인 화학반응으로 전자가 전기적 퍼텐셜에너지가 높은

-극에서 +극으로 흐르는 과정이다. 이것의 역반응이 충전이다. 충전은 비자발적인 반응이어서 외부의 전기에너지가 들어와서 전자의 이동 방향을 역으로 만든다. 따라서 충전과 방전의 차이는 전자가 이동하는 방향의 차이이며, 자발적(방전) 반응과 비자발적(충전) 반응의 차이이다. 산화 전극과 환원 전극의 전위차가 클수록 전지의 에너지 저장 능력이 커진다고 볼 수 있다.

전지에서 중요한 것이 얼마나 많은 에너지를 저장할 수 있느냐이다. 이를 비에너지 밀도specific energy density라고 정의한다. 여기에 가장 영향을 미칠 수 있는 것은 전지에 사용되는 재료의 무게 및 전위차이다. 무게와 전위차를 고려하다 보면 금속 중 표준 전극 전윗값이 가장 크며 무게가 가벼운 리튬에 관심을 가질 수밖에 없다. 표준 전극 전위standard electrode potential는 표준 수소 전극과 환원이 일어나는 반쪽 전지를 결합하여 만든 전지에서 측정한 전위를 말하며, 과학자들이 금속별로 정리했으므로 화학 교과서에서 이 값을 찾아 참고할 수 있다.

리튬 이온 전지가 나오기 전에는 납축전지lead acid battery,

니켈-카드뮴 전지[nickel cadmium battery], 니켈-수소 전지[nickel-hydrogen battery] 등을 사용하였다. 납축전지는 납과 황산을 이용한 2차 전지로, (전지)용량[capacity, mA·h]과 전압이 커서 주로 자동차 배터리에 활용되었다. 니켈-카드뮴 전지는 납축전지보다 수명이 길고 무게에 비해 효율이 좋아 휴대용 전자 기기와 장난감에 널리 활용되었다. 그러나 카드뮴은 독성이 매우 강하며 환경에 부정적인 영향을 미치기 때문에 많은 국가에서 니켈-카드뮴 전지의 사용을 제한하고 대체로 니켈-수소 전지를 사용하게 되었다. 니켈-수소 전지는 음극으로 수소 저장 합금을 사용하여 에너지 밀도 용량이 니켈-카드뮴 전지보다 2배 정도 높다. 또한 급속 충전 및 방전이 가능하며 저온에서도 안정성이 우수하여 하이브리드 자동차에 사용되기도 한다.

반응성이 너무 큰 리튬은 안정성에 관한 문제 때문에 전지의 원료로 사용하기 쉽지 않았지만, 질량이 가벼운 리튬(밀도 0.53g/cm³)을 포기하기는 쉽지 않았다. 현재의 모바일 전기에너지 시대에 한 번 충전하면 오래 쓸 수 있는 리튬 이온 전지를 포기할 수 없었던 많은 과학자가 열심히 전지를 연구하였다. 존 배니스터 구디너프[John Bannister

Goodenough, 1922~2023, 마이클 스탠리 휘팅엄Michael Stanley Whittingham, 1941~, 요시노, 아키라Akira Yoshino, 1948~는 리튬 이온 전지를 개발하여 새로운 시대를 열어 2019년도에 노벨 화학상을 공동 수상하였다. 구디너프는 리튬코발트옥사이드 LiCoO₂ 양극 재료를 사용하여 고에너지 밀도와 장기간의 충·방전 성능을 제공하여 다양한 전자 기기에 적용할 수 있도록 하였다.

리튬코발트옥사이드 전지의 방전과 충전 과정을 살펴보자. 방전 과정, 즉 전지를 사용하여 전기에너지를 얻는 과정에서 그래핀graphene과 같은 탄소 기반 층 사이에 박혀 있던 리튬 이온이 음극에서 방출되어 양극으로 이동한다. 양극에서 리튬 이온은 리튬코발트옥사이드 구조 내로 삽입된다. 충전 과정에서는 반대로 리튬코발트옥사이드에 삽입되어 있던 리튬 이온이 전해질을 통해 양극에서 음극으로 이동하여 음극에 있는 그래핀층 사이에 삽입된다. 다음의 화학식을 보면 방전 과정을 이해하기 쉬울 것이다. 충전 과정은 이 식의 반대다.

방전 과정

음극anode $Li_xC_6 \rightarrow xLi^+ + xe^- + 6C$

양극cathode $xLi^+ + xe^- + Li_{1-x}CoO_2 \rightarrow LiCoO_2$

1991년 일본 기업 소니^{SONY}가 리튬 이온 전지의 첫 상업화에 성공하였다. 산업계는 용량을 계속 높이기 위해 노력하며 전극을 많이 추가했지만 이는 화재 및 폭발 사고를 유발하기도 하였다. 가장 일반적으로 사용되는 리튬 이온 전지의 양극 재료인 $LiCoO_2$$^{(3.8V 전위차)}$에 니켈 이온을 추가하면 전위차가 4.75V까지도 높아져 에너지 밀도가 높아진다. 비싼 니켈 이온을 첨가하므로 가격이 높아질 수 있지만, 전기차의 시대가 열리는 가운데 많은 기업이 에너지 밀도를 선택하며 전력 밀도를 높였다. $LiCoO_2$의 경우 리튬 이온들이 결정 구조 내 층 사이 통로로 자유롭게 출입할 수 있으나, 50% 이상의 리튬 이온이 떨어져 나가면 구조적 불안정성이 높아진다. 충전과 방전으로 리튬 이온의 이동이 반복되어 $LiCoO_2$의 층상 구조가 초기 상태에서 변하면 용량이 감소한다. 따라서 이론 용량인 274mAh/g의 절반 정도의 가역 용량만 사용하여 안정성과 사용 수명을 높이고 있다.

환경문제 때문에 코발트 사용을 줄이려는 노력의 일

환으로 리튬망간 산화물$^{LiMn_2O_4(145mAh/g)}$도 양극 재료로 사용되었다. 흔히 리튬망간 산화물$^{Lithium\ Manganese\ Oxide}$은 영어 철자를 줄여서 LMO라고 하고, 리튬 인산철$^{Lithium\ Iron\ Phosphate}$은 줄여서 LFP라고 한다. 리튬 인산철$^{LiFePO_4(90~100mAn/g,\ 3.5V)}$은 열 안정성이 높아 화재 위험이 낮으나, 전력 밀도가 상대적으로 낮아서 선호되지 않는 양극 재료였다. 그러나 중국이 내수 시장을 지키기 위하여 가격이 저렴하나 성능이 낮은 LFP 방식을 고수함에 따라 한국 기업을 포함한 여러 나라 기업이 중국 전기차 시장에 진출하지 못하였다. 중국의 기업은 전기차의 전지로 어떻게 에너지 밀도가 낮은 LFP를 고수할 수 있었을까? 양극으로 사용되는 금속산화물 결정은 구조가 정해져 있으므로 Li의 함량이 정해져 있고 화학적으로 전위차를 높일 수 없다. 그러나 중국은 낮은 에너지 밀도 효율의 약점을 전지 설계$^{cell\ design}$로 극복하였다. 즉, 전지를 쌓는 방법을 최적화하여 에너지 밀도 효율을 최대화했다. 그러나 여전히 전기차 배터리로 사용하기에는 많은 한계가 있다. 에너지 밀도가 낮은 배터리는 낮은 온도에서 더욱 취약하다. 영하의 날씨에 전기차의 주행거리가 짧아져 많은 불편함을 야기하여 관련 뉴스가 보도되기도 한다. 전기차 상용화와 신

재생에너지 사용 등을 위해서는 현재의 전지 기술을 넘어서야 한다. 이제는 가격, 전력 용량, 안정성을 고려한 새로운 전지의 등장이 기대되고 있다. 이러한 차세대 전지를 개발하기 위해 과학계와 산업계가 지속적으로 노력하고 있다.

　　일반적으로 전지라고 하면 화학전지를 떠올린다. 그렇다면 생명체나 생체분자를 이용한 전지는 없을까? 산화·환원 반응을 일으키는 데 미생물이나 효소 등을 이용하는 전지를 생물 연료전지biofuel cell라고 한다. 생물 연료전지 또한 산화 전극, 환원 전극, 분리막 및 전해질로 구성되며, 기본적인 원리는 일반적인 화학연료전지와 다르지 않다. 생물 연료전지는 전극을 미생물이나 효소 수용액에 담근 습식 전지와, 미생물이나 효소 반응으로 발생하는 기체를 이용하는 건식 전지로 구분할 수 있다.

　　효소를 촉매로 하는 습식 전지의 경우 산화 전극에서 포도당이 산화되어 글루코노락톤gluconolactone으로 바뀌고 수소이온과 전자가 방출된다. 산화 전극에서 방출된 전자는 전기회로를 통해 환원 전극에 도달한다. 수소이온은 전해질을 포함하는 매질을 통해 분리막을 통과하여 환원 전극에 도달한다. 환원 전극에서는 수소이온과 전자 그리고 산소 기체가 만나 물 분자를 형성한다. 효소 전지의 한계로 지적되는 문제는 효소가 단백질로 이루어져 있기 때문에 변성이 일어날 수 있어 장기적으로 사용하기 어렵다는 것이다. 하지만 납과 같은 유해 물질이 나오지 않으므로 화학연료전지의 대안이나 대체재로 활발하게 연구되고 있다.

미생물 연료전지 분야에서는 세균종, 영양원, 매질 등이 다양하게 연구되고 있다. 또한 축산 분뇨 등의 유기물이 포함된 폐수를 미생물이 발효 영양원으로 이용하게 하고 전류도 발생시키도록 하여 전기에너지 생산과 폐수 처리를 동시에 해결하는 기술이 개발되었다.

9

세포막

막전위

활동전위

세포막 cell membrane
원형질막 plasma membrane
인지질 이중층 phospholipid bilayer
콜레스테롤 cholesterol
막전위 membrane potential
막전압 membrane voltage
이온 채널 ion channel
휴지 막전위 resting membrane potential
골드만 방정식 Goldman equation
네른스트 방정식 Nernst equation
시냅스 synapse
신경전달물질 neurotransmitter
역치전위 threshold potential
활동전위 action potential
평형전위 equilibrium potential
뉴런 neuron
랑비에결절 Node of Ranvier
도약 전도 saltatory conduction

모든 생명체는 하나 이상의 세포로 이루어져 있다. 따라서 세포는 생명현상의 근본 단위라고 할 수 있다. 세포는 세포의 내부와 외부 환경을 분리하는 경계가 있는데, 이를 세포막cell membrane 또는 원형질막plasma membrane이라고 한다.

세포막은 세포의 내부를 외부 환경으로부터 보호하는 장벽으로 기능할 뿐만 아니라 세포 내부와 외부 환경 사이에 필요한 물질을 교환하도록 해준다. 세포막은 지질막으로서 '인지질 이중층phospholipid bilayer'의 내부에 콜레스테롤cholesterol이 중간중간 끼어 있다. 양친성amphipathic 분자인 인지질은 인산기가 있는 부위가 음전하를 띤 친수성으로, 물이 존재하는 세포의 내부 또는 외부 환경을 향한다. 반면 인지질의 지방산fatty acid 꼬리 부위는 물을 싫어하는 소수성이며 인지질 이중층의 안쪽에 서로 맞닿아 있다. 인지질을 물에 섞으면 양친성이 있는 인지질은 열역학적 자발성으로 인지질 이중층을 형성한다. 또한 세포막에서는 지질 외에도 막단백질들이 인지질 이중층을 관통하거나 표면에 붙어 있다. 이 단백질은 호르몬의 수용체나 효소, 그리고 세포 내외부로 특정 물질이 이동할 수 있게 하는 수송 단백질transport protein 등의 다양한 역할을 수행한다.

세포는 세포막이 있기 때문에 세포 내부와 외부의 물질 환경이 다르며 이온 농도도 달라지는데 이를 막전위membrane potential 또는 막전압membrane voltage이라고 한다. 세포 내부에는 칼륨K^+의 농도가 높은 반면 세포 외부에는 나트륨Na^+과 염화이온Cl^-의 농도가 높다. 세포막을 가로지르는 이 이온들의 농도 구배는 퍼텐셜에너지로서 막전위 형성을 유도한다. 세포막은 지질막이며, 전하를 띤 이온은 지질막을 통과할 수 없다. 이온이 세포막을 가로질러 이동하기 위해서는 해당 이온에 특이적인 이온 채널ion channel 같은 수송 단백질이 반드시 필요하다. 세포의 막전위가 오랫동안 크게 변하지 않고 안정적으로 지속되는 '휴지 막전위resting membrane potential'는 골드만 방정식Goldman equation으로 계산할 수 있다. 골드만 방정식은 K^+, Na^+, Cl^-

이온의 전하와 세포 내부 및 외부의 이온 농도뿐만 아니라 세포막에 대한 이온의 투과성도 고려한다는 점에서 네른스트 방정식 Nernst equation 과 다르다. 휴지 막전위는 세포 외부와 비교하여 세포 내부의 값으로 표시하며, 보통 -70~-40mV의 음의 값을 보인다. 막전위는 막에 박혀 있는 ATP 합성 효소와 같은 분자 기계에 세포가 배터리로서 에너지를 제공하도록 기능한다. 또한 뉴런이나 근육세포와 같은 흥분성 세포는 세포막에 존재하는 이온 채널을 개폐하여 전기신호 발생을 조절한다.

그렇다면 대표적 흥분성 세포인 신경세포는 어떻게 전기신호를 발생시킬까? 신경세포를 뉴런 neuron 이라고도 한다. 뉴런은 인체에서 뇌와 척수로 이루어진 중추신경계 central nervous system 와, 중추신경계에서 온몸으로 뻗어 있는 말초신경계 peripheral nervous system 를 구성한다. 중추신경계에서 뉴런은 다른 뉴런과 복잡한 네트워크를 형성하는데, 뉴런과 뉴런의 접점을 시냅스 synapse 라고 한다. 대부분 뉴런과 뉴런은 직접 연결되어 있지 않고 사이에 틈이 있는데 이를 시냅스틈 synaptic cleft 이라고 한다. 어떤 뉴런이 흥분하면 시냅스틈에 신경전달물질 neurotransmitter 을 방출한다.

그러면 시냅스틈에 인접한 또 다른 뉴런의 막에 있는 이온 채널의 개폐가 조절된다. 해당 신경전달물질이 인접한 뉴런의 막에 있는 나트륨 이온 채널을 열었다고 가정해보자. 수송 단백질 중 채널은 촉진 확산facilitated diffusion에 관여하는 단백질이다. 촉진 확산은 에너지가 필요하지 않은 수동 수송 과정이며 이온은 농도 구배에 따라 고농도에서 저농도로 채널을 통해 자발적으로 순이동한다. 나트륨 이온은 세포 외부에 고농도로 존재하므로 나트륨 이온 채널을 통해 뉴런 외부에서 내부로 이동할 수 있다. 즉, 시냅스틈에 접한 뉴런의 막에서 나트륨 이온 채널이 일부 열리면 해당 부위의 막전위에서 음의 값이 0 쪽으로 감소한다. 충분한 숫자의 나트륨 이온 채널이 열려 막전위가 역치전위threshold potential에 도달하면 해당 부위에서 활동전위action potential가 발생하고 뉴런이 흥분했다고 표현할 수 있다. 활동전위란 막전위가 음의 값에서 양의 값으로 뒤집히는 것을 말한다. 활동전위 발생에서는 '전압 개폐성voltage-gated' 나트륨 이온 채널이 중요한 역할을 한다.

이와 비교하여 앞에서 언급한 신경전달물질이 개폐를 조절하는 나트륨 이온 채널을 '리간드 개폐성ligand-gated'

나트륨 이온 채널이라고 한다. 나트륨 이온 채널에 따라 신경전달물질과 같은 리간드가 결합하여 개폐가 조절되는 채널 단백질도 있고, 특정 전압에 도달하면 개폐가 조절되는 채널 단백질도 있다. 리간드 개폐성 나트륨 이온 채널이 열리면서 국부적으로 막전위가 역치전위에 도달하면 이어서 전압 개폐성 나트륨 이온 채널이 열리면서 나트륨 이온이 뉴런 외부에서 내부로 쏟아져 들어오며 막전위가 음의 값에서 양의 값으로 뒤집히는데 이를 활동전위라고 한다.

뉴런에서 흥분이 일어나지 않은 상태의 휴지전위는 골드만 방정식에서 나트륨의 투과율이 낮기 때문에 나트륨의 기여가 크지 않다. 하지만 활동전위가 발생하면 충분한 수의 전압 개폐성 나트륨 이온 채널이 열리면서 나트륨 이온 투과율이 높아지고 활동전위도 나트륨 이온에 대한 평형전위equilibrium potential인 +60mV에 근접한 +40mV 수준까지 도달한다. 한편 뉴런의 휴지전위에서는 칼륨 이온에 대한 투과도가 높고 나트륨의 이온 투과도는 낮아서 칼륨 이온의 농도 기울기가 막전위에 크게 기여하며 칼륨 이온에 대한 평형전위인 -90mV에 근접한 -70mV 수준

197

을 유지한다. 각 이온의 평형전위는 막을 경계로 이온의 농도 분포에 따른 네른스트 방정식을 통해 구할 수 있다.

뉴런은 길이가 1mm보다 작은 것부터 척수에서 뻗어 나가는 1m 정도나 되는 운동뉴런motor neuron까지 다양하다. 뉴런의 가지돌기dendrite나 세포체cell body 부위에서 발생한 활동전위는 축삭axon을 따라 도미노처럼 연이어 발생하고 축삭말단axon terminal에까지 도달한다. 그리고 마찬가지로 축삭말단에서는 신경전달물질을 시냅스틈으로 내보내 다른 뉴런이나 근육세포 그리고 내분비 세포와 같은 표적 세포를 자극한다. 이렇게 활동전위가 한 부위에서 멀리 떨어진 부위까지 도미노처럼 일어날 수 있는 이유는 활동전위가 발생할 때 뉴런 내부로 유입된 나트륨 이온이 뉴런 세포의 내부에서 확산을 통해 인접한 부위로 이동하기 때문이다. 나트륨 이온이 확산하여 인접한 부위의 막전위가 역치전위에 도달하면 해당 부위에 있는 전압 개폐성 나트륨 이온 채널이 열리며 활동전위가 발생하고, 이것이 축삭말단까지 반복적으로 일어난다. 한편 사람 뉴런의 축삭은 말이집이라는 인지질 막으로 군데군데 감겨 있다. 이것이 전선의 피복과 같은 역할을 하기 때문에 말이

집과 말이집 사이의 랑비에결절^{Node of Ranvier}이라는 노출 부위에서만 활동전위가 발생한다. 이렇게 활동전위가 점핑하듯이 발생하면 신경 흥분이 더욱 빠르게 전도되기 때문에 도약 전도^{saltatory conduction}라고 한다.

10

물

수소결합 hydrogen bond
응집력 cohesion
부착력 adhesion
증산작용 transpiration
전기음성도 electronegativity

음펨바 효과 Mpemba effect
점성 viscosity
표면장력 surface tension
메니스커스 meniscus
부력 buoyancy

부분 전하 partial charge
극성분자 polar molecule
계면활성제 surfactant
미셸 micelle
친수성 hydrophilicity
소수성 hydrophobicity
수용액 aqueous solution
루이스염기 Lewis base
수화물 hydrate
클라스레이트 clatherate
메테인 수화물 methane hydrate
보편 용매 universal solvent
반응 매개체 reaction medium

　　물은 우리 몸에 가장 많은 분자이다. 물은 생명체에 필수적인 물질이다. 인간의 몸은 66% 정도가 물로 채워져 있다. 나머지는 단백질, 지질, 탄수화물, 핵산과 같은 유기물, 그리고 칼슘, 마그네슘 같은 무기염류mineral가 차지한다.

　　그렇다면 생명체는 왜 물 분자로 가득 채워져 있을까? 원시 지구에서 생명체가 물에서 처음 탄생했다면 이것을 쉽게 설명할 수 있다. 그렇다면 물 분자는 어떤 특성이 있을까? 물 분자는 극성polarity이 있기 때문에 단백질, 탄수화물, 핵산과 같은 생체분자biomolecule를 잘 녹일 수 있는 매우 훌륭한 용매solvent이다. 물론 생체분자 중 지질은 물에 녹지 않는다. 하지만 대부분의 생체분자는 전하charge나 극성을 띠고 있어 물에 잘 녹는다. 물은 훌륭한 용매이기도 하지만 생체 내 화학반응에 직접 참여하기도 한다. 우리 몸의 소화효소는 가수분해hydrolysis를 통해 음식물을 분해한다. 가수분해는 '물을 첨가하여 분해한다'라는 의미다. 글리코겐과 같은 다당류가 포도당과 같은 단당류가 되는 과정에서 물 분자가 반응에 참여하여 분해 반응을 일으킨다.

그렇다면 물 분자는 왜 극성을 띠는 것일까? 물 분자는 수소 원자 2개와 산소 원자 1개로 구성되어 있다. 산소 원자와 수소 원자는 전자쌍을 공유하는 공유결합을 한다. 물 분자에서 산소 원자와 수소 원자가 형성하는 공유결합은 2개인데 이들 공유결합 사이의 각은 180°가 아니라 104.5°로서 물 분자는 전체적으로 브이ᵛ 형태를 띤다. 일반적으로 공유라고 하면 사이좋게 5:5로 지분을 나누어 갖는다는 느낌이 든다. 하지만 실상은 다르다. 산소 원자와 수소 원자가 전자를 하나씩 내어놓아 형성한 전자쌍의 위치는 확률적 측면에서 수소 원자핵보다는 산소 원자핵에 매우 가깝다. 그 원인은 두 원자의 전기음성도 electronegativity가 크게 다르기 때문이다. 전자는 음전하를 띠고 있고 전자쌍이 산소 원자핵 쪽에 치우쳐 있으므로 산소 원자는 부분적으로 음전하를 띠고 수소 원자는 부분적으로 양전하를 띠어 물 분자는 극성분자가 된다. '부분적으로'라고 말하는 이유는 전자를 완전히 잃거나 얻은 상태인 이온은 아니기 때문이다.

이제 1개의 물 분자가 아니라 물 분자들이 함께 있으면 어떤 일이 발생할까? 1개의 물 분자에서 부분적으로 양전하를 띠고 있는 수소 원자와, 또 다른 물 분자에서 부분적으로 음전하를 띠고 있는 산소 원자 사이에서 전기적 인력이 생성된다. 이 전기적 인력을 수소결합^{hydrogen} ^{bond}이라고 부른다. 수소결합은 이온결합에 비해서는 당연히 약하지만 수많은 물 분자 사이에 존재한다. 물 분자는 또한 단백질과 탄수화물 같은 생체분자들과도 수소결합을 할 수 있다. 물 분자들 사이에 형성되는 수소결합은 생명현상과 관련하여 물의 중요한 성질을 발생시킨다.

일단 물 분자 사이의 수소결합은 물 분자들이 서로 뭉치려고 하는 응집력^{cohesion}이 생기게 한다. 물의 응집력은 물이 다른 물질과 경계를 이룰 때 표면을 최소화하려는 힘인 표면장력 형태로 관찰된다. 흔히 소금쟁이가 물의 표면에 떠 있을 수 있는 이유를 표면장력으로 설명할 수 있다. 사람도 물을 싫어하는 소수성 물질로 이루어진 커다란 신발을 신는다면 물 위를 걸어 다닐 수 있을 것이다. 물 분자는 또한 단백질과 탄수화물 같은 생체분자들과도 수소결합을 형성할 수 있는데, 이렇게 물 분자가 다른 물질에 달라붙는 힘을 부착력^{adhesion}이라고 한다.

물의 응집력과 부착력은 식물의 증산작용^{transpiration}에 매우 중요한 역할을 한다. 나무의 잎에서 기공이 열리면 물이 증발한다. 이때 물의 기화열이 크기 때문에 잎의 온도는 낮아진다. 물의 기화열이 큰 것 또한 물 분자 사이의 수소결합에 기인한다. 잎의 표면에서 물이 증발하면 물 분자 사이의 응집력으로 인해 식물 내부의 물 분자들이 끌려 올라가는 효과가 나타난다. 우리가 음료를 마실 때 빨대를 통해 물이 빨려 올라가는 것과 유사한 현상이다. 이때 빨대 안의 물기둥이 쉽게 끊어지지 않는 것 또한 물의 응집력이 강하기 때문이다. 그렇다면 물의 응집력만으로 수십 m의 나무줄기 안에 있는 물기둥이 유지될 수 있을까? 물론 그렇지 않다. 물 분자는 생체 내 유기물질에 부착할 수 있다고 하였다. 식물 줄기의 물관^{xylem}은 세포벽이 발달해 있으며 세포벽$^{cell\ wall}$에는 셀룰로오스 같은 탄수화물이 있다. 물은 셀룰로오스와 같은 유기 분자와 수소결합을 형성할 수 있다. 물이 식물 세포벽에 달라붙는 부착력 덕분에 물기둥은 쉽게 허물어지지 않고 버틸 수 있다.

생명체는 외부 조건에도 불구하고 내부를 일정하게 유지하는 항상성을 지니고 있다. 생체 온도가 크게 변화하면 대부분의 생명체에게 치명적이다. 하지만 생명체를 가득 채우고 있는 물은 비열이 높아 체온이 쉽게 변하지 않도록 한다. 그 이유 또한 열에 의해 물 분자 사이의 수소결합이 쉽게 끊어지기 어려워서 물 분자들의 운동에너지의 척도인 온도 변화가 어렵기 때문이다.

H_2O 분자가 많이 모여 있는 물(액체)은 H_2O 분자 하나의 신기한 화학적·물리적 특성만큼이나 다체계로서의 특이한 현상을 많이 보인다. 4℃ 밑으로 온도가 내려갈 때 부피가 오히려 증가하는 현상, 고체 상태(얼음)의 밀도가 액체 상태의 밀도보다 낮아지는 현상, 온도가 높은 물이 온도가 낮은 물보다 더 빨리 어는 현상(음펨바 효과라고 불리는 현상으로, 물에서만 나타나는 것은 아니다) 등이 있다. 또한 물은 각종 화학반응에서 유용한 용매 역할을 하는 동시에 그 경계면, 즉 수막을 형성하여 각종 생명현상에 유용한 역할을 한다.

이러한 수막, 즉 물의 표면은 마치 탄성 있는 막처럼 행동하는데 이를 표면장력이라고 한다. 물론 액체의 표면장력은 물에만 있는 것은 아니고 다른 액체에도 존재한다. 액체의 표면장력은 액체 분자들 사이의 응집력 cohesive force에 의해 나타나는 현상이다. 이는 경계면의 거시적 결합 에너지를 낮추려는 경향성으로부터 비롯되어 액체의 표면적을 줄이려는 보편적인 양상으로 드러난다. 물의 경우 물이 접하는 용기의 분자와 물 분자 사이의 부착력^{adhesive force}과 물 분자 사이의 응집력의 크기에 따라 용기 벽면에서 수막 모양이 달라지는데, 액체의 부피를 측정할 때 반드시 고려해야 하는 메니스커스^{meniscus} 곡선이 대표적인 예이다. 피펫이나 시험관의 주재료인 유리와 물 사이의 부착력은 큰 편이어서 메니스커스가 아래로 볼록해진다. 하지만 시험관 표면에 소수성 코팅이 되어서 부착력이 낮아진다면 물의 메니스커스가 평평해지거나 위로 볼록해질 수도 있다. 유리 용기에 담긴 수은의 메니스커스가 위로 볼록한 이유도 유리 분자와 수은 분자 사이의 부착력보다 수은 분자들 사이의 응집력이 더 크기 때문이다.

컵에 담은 물에 가는 빨대를 수직으로 담그면 빨대를 타고 물이 올라가는 모세관 현상도 물의 표면장력으로 설명할 수 있다. 메니스커스가 아래로 볼록하다면 표면적을 줄이기 위해 메니스커스가 상승해서 평평해져야 하는데, 빨대 벽면과 물 분자 사이의 부착력으로 인해 물 분자가 다시 벽면 위로 올라간다. 이 때문에 메니스커스는 다시 아래로 볼록한 모양이 된다. 이 과정이 반복되면서 물이 관 속에서 계속 상승하다가 상승한 물의 무게가, 메니스커스를 평평해지게 하려는 표면장력의 힘과 같아지면 상승이 멈춘다. 가느다란 관에서는 지름이 큰 관보다 물의 상승 높이가 높더라도 물의 무게가 크게 증가하지 않으므로 이러한 현상이 극적으로 관찰된다. 반대로 빨대 내부에서 메니스커스가 위로 볼록한 형태로 만들어지는 액체라면 빨대를 담갔을 때 액체가 하강한다. 이것 역시 표면장력에 의해 메니스커스를 평평하게 하려는 효과와, 부착력에 의해 메니스커스가 다시 휘어지는 효과의 협력으로 이해할 수 있다. 이때 하강한 깊이는 하강한 액체 부피만큼의 무게와, 표면장력이 메니스커스를 평평하게 만들려는 힘이 같아지는 지점이다.

소금쟁이는 물의 표면장력을 극적으로 이용하는 생명체이다. 말 그대로 물을 밟고 물 위를 걷는 초능력을 보이는데, 사실 소금쟁이를 물 위로 받치는 힘은 물의 부력과 표면장력이다. 소금쟁이는 소수성 잔털이 온몸을 덮고 있어서 물에 잘 젖지 않고 기다란 다리의 소수성 잔털

사이의 미세한 공기 방울에 의해 마치 구명조끼가 물 위에 뜨는 것처럼 부력을 받는다. 소수성 잔털과 공기 방울 때문에 소금쟁이의 다리 주위에서 물 표면이 아래로 볼록하게 휘어지고, 물 표면이 평평해지려는 표면장력이 소금쟁이의 무게를 버틴다. 힘의 크기만 비교하면 소금쟁이가 받는 부력은 표면장력의 20분의 1 수준이어서 사실상 거의 표면장력으로만 물 위에 떠 있다고 해도 과언이 아니다. 표면장력 덕분에 소금쟁이는 자기 무게의 10배 이상을 짊어지고도 물 위에 떠 있을 수 있다.

연못이나 잔잔한 냇가의 곤충들 중에는 물에 젖은 채로 떠 있는 경우도 있는데, 작은 딱정벌레 애벌레들이 물가의 풀에서 지내다가 우연히 물에 떨어지기도 한다. 소금쟁이처럼 가늘고 긴 다리가 있는 것도 아니고 이미 물에 다 젖어버린 애벌레들은 표면장력 덕분이 아니라 물에 반쯤 잠긴 채로 부력 덕분에 물에 떠 있게 된다. 하지만 애벌레는 물을 헤쳐서 나갈 긴 다리가 없어서 하염없이 물을 떠다녀야 할 운명이다. 애벌레는 어떻게 물웅덩이에서 뭍으로 빠져나올 수 있을까?

물의 표면장력을 보이는 실험으로 집에서도 간단히 해볼 수 있는 클립 띄우기가 있다. 물컵에 물을 담고 클립을 휴지 등에 얹어서 물에 조심스럽게 놓으면 휴지는 물에 젖어 가라앉고 클립은 물 위에 떠 있게 된다. 이때 클립을 추가로 계속 띄우면 재미있는 현상을 볼 수 있다. 클립들끼리 인력이 있는 것처럼 서로 가까워지다가 마주쳐서 같이 붙은 채로 떠다니는 것이다. 물컵이나 비커에 물을 절반 정도 담은 후 클립을 물 위에 띄우면 클립과 비커 벽 사이에 척력이 있는 것처럼 클립이 비커 벽에서 밀리는 현상도 볼 수 있다. 이와 유사한 현상으로 치리오스라는 시리얼 과자 이름에서 이름을 딴 치리오스 효과Cheerios effect도 있다. 치리오스는 가운데 구멍이 뚫린 작은 도넛 모양의 시리얼인데 물이나 우유에 가라앉지 않고 뜬다. 시리얼이기 때문에 우유에 섞어서 먹는 것이 보통이고, 실제로 실험해보면 치리오스 시리얼은 우유에 젖은 채로도 떠 있다는 것을 알 수 있다. 즉, 치리오스는 표면장력 때문이 아니라 반쯤 잠긴 채로 부력 때문에 떠 있다. 치리오스 시리얼 알갱이들 역시 물에 띄우면 알갱이들끼리 서로 붙으려는 현상을 보인다. 마치 물 위에 떠 있는 클립들 사이에 인력이 있는 것처럼 보이는 것과 유사하다. 하지만 치리오스 시리얼은 클립과는 다르게 물이 담긴 비커 벽으로 쏠리는 현상을 보인다. 즉, 비커 벽과도 인력이 있는 것처럼 행동한다. 그렇다면 비커에 물을 반쯤 담고 치리오스와 클립을 같이 띄우면 어떻게 될까? 재미있게도 둘 사이에 척력이 있는 것처럼 서로 밀어내는 현상을 보인다.

클립 사이의 인력, 치리오스 사이의 인력, 클립과 비커 벽 사이의 척력, 치리오스와 비커 벽 사이의 인력, 클립과 치리오스 사이의 척력, 혼돈스러워 보이는 이러한 관계를 이해하는 실마리는 메니스커스의 모양과 표면장력의 역할에 있다. 클립은 물 위에 떠 있을 때 물에 잠기지 않고 뜨기 때문에 주변에 아래로 볼록한 메니스커스를 만든다. 반면 치리오스는 물에 젖어서 잠긴 채로 떠 있기 때문에 물 표면이 치리오스를 타고 올라와 있는 위로 볼록한 메니스커스를 주변에 만든다. 표면장력은 메니스커스를 평평해지게 하려고 하기 때문에 클립의 경우 표면장력이 위로 힘을 가하고 치리오스의 경우는 표면장력이 치리오스를 아래로 누르는 힘을 가한다. 만약 떠 있는 클립과 치리오스 주변에 비눗물을 떨어뜨리면 클립은 가라앉지만 치리오스는 여전히 떠 있는 것을 볼 수 있다. 즉, 비눗물이 표면장력을 약하게 만들면 클립은 떠받쳐 주는 힘이 약해져 물에 빠지지만, 치리오스는 표면장력 이 약해지는 것이 오히려 물에 떠 있는 데 도움이 된다. 앞의 인력과 척력처럼 보이는 현상으로 돌아가서 메니스 커스를 고려해보면 동일한 모양의 메니스커스가 가까워 질 때 2개의 메니스커스가 합쳐져서 평평해진다는 것을 알 수 있다. 그리고 반대 모양의 메니스커스가 가까워지 면 메니스커스가 평평해지기 더욱 어려워진다는 것을 알 수 있다. 즉, 인력과 척력처럼 보인 것은 사실 표면장력이 메니스커스를 평평하게 만들려는 노력이었던 것이다. 만 약 용기 벽에 소수성 코팅을 한다면 클립이 용기 벽으로 쏠리고 치리오스가 용기 벽에서 떨어지려고 할 것이다.

토양의 종류에 따라서 다르지만 친수성 토양은 물웅 덩이 가장자리에서 물을 머금고 있다. 이때 토양 근처의 물 표면은 아래로 볼록한 메니스커스를 형성한다. 웅덩 이에 떨어진 애벌레는 이미 물에 반쯤 잠겨 있기 때문에 치리오스의 경우처럼 위로 볼록한 메니스커스가 애벌레 몸 표면을 따라 형성된다. 애벌레는 대개 위험해지면 몸을 웅크리는데, 물에 떨어졌을 때도 몸을 웅크린다면 메니스커스는 위로 더욱 볼록해질 것이고 웅덩이 가장자리에서 떨어뜨리려는 표면장력을 받을 것이다. 하지만 애벌레는 놀랍게도 물가에 이르기 위해 자기 몸이 커져 보이는 위험을 감수하고서 몸을 활처럼 편다. 이런 행동 전략은 심지어 표면장력으로 물 위에 떠 있을 수 있는 곤충들에게서도 발견된다. 즉, 물에서 뭍으로 갈 때 더듬이를 젓는 대신 몸을 활처럼 휘어서 저절로 물가로 이동한다. 생명체의 놀라운 생존 본능에 의한 행동 전략이라고 볼 수 있는데, 곤충들의 이런 행동 전략은 향후 표면장력을 기술적으로 이용하는 데 도움이 될 수 있을 것이다.

물을 바라보는 생명과학·물리학·화학적 관점은 그리 다르지 않다. 앞에서 언급한 바와 같이 물은 수소와 산소의 전기음성도 차이 및 굽은 분자 구조의 특성으로 인해 극성을 띠는 극성분자이다. 극성분자가 되기 위해서는 전기음성도 차이가 커야 하며 또한 분자 구조가 비대칭적 형태여서 전기적 불균형이 만들어져야 한다. 극성분자 내의 부분 전하partial charge 간의 강한 상호작용은 강력한 분자 간 인력을 유발한다. 극성분자인 물이 서로를 끌어당겨 표면장력이 생기는 원리도 이와 같다. 극성분자인 물은 비극성분자보다 극성분자와의 상호작용을 선호한다. 즉, 대기 중의 질소^{N_2}, 산소^{O_2}, 아르곤^{Ar}, 네온^{Ne} 등과 같은 기체는 비극성분자로 물에 잘 녹지 않는 반면 극성분자나 이온들은 물과 상호작용을 잘하여 용해된다.

한 분자가 극성과 비극성 부분을 함께 지녀서 물에

잘 녹지 않는 화합물을 둘러싸 물에 잘 녹도록 만들어주는 성질이 있는 화합물을 만들 수 있는데, 이를 계면활성제surfactant라고 한다. 계면활성제는 표면장력을 줄이는 역할을 한다. 물에 잘 녹지 않는 염료나 향료를 녹이는 데도 사용된다. 계면활성제는 일정 농도 이상에서 계면활성제 분자들끼리 모여 미셀micelle이라는 구조를 형성하는데, 물에서 형성될 때 계면활성제의 소수성 부분은 모여서 핵을 형성하고 친수성 부분은 물과 접촉하는 외부 서클 영역을 형성한다. 기름 같은 때는 미셀의 안쪽에 위치하여 안정화되어 물에 녹는데, 이것이 세제 작용의 원리이다. 비누, 합성세제, 샴푸 등이 모두 계면활성제에 포함된다. 우유에 함유되어 있는 단백질이 계면활성제로 작용하여 미셀을 형성하고, 지방질이 안정화되어 잘 분산되어 있는 유탁액emulsion이 된다. 소량의 기름이 다량의 물속에 분산된 형태를 O/W 유탁액oil in water emulsion이라고 하며, 반대로 소량의 물이 기름에 분산된 형태를 W/O 유탁액water in oil emulsion이라고 한다. 나노 크기 입자를 만들기 위해 마이크로에멀션microemulsion 합성법이 널리 사용되는데, 이는 미셀 구조 내에서 반응물이나 전구체가 합성되게 하여 생성물의 입자 크기를 원하는 대로 균일하게 조절한다. 마이크로에멀션 합성법으로 제조된 나노 입자는 약물 전달, 광학, 촉매 등 다양한 분야에서 활용된다.

친수성 hydrophilicity과 소수성 hydrophobicity은 화학, 재료과학, 생명과학 등에서 물과 다른 물질의 상호작용을 이해하는 데 매우 중요한 개념이다. 극성이 높은 화합물 및 분자 내 극성 부분은 친수성이 있다고 정의하고, 비극성이거나 극성이 전혀 없는 화합물이나 부분은 소수성이 있다고 정의한다. 친수성은 물을 좋아하는 성질을 나타내고, 수소결합이나 이온-이온 상호작용 등이 친수성을 나타내는 상호작용 interaction의 예시이다. 소수성은 물을 싫어하는 성질을 나타내는 비극성분자가 주로 해당하며, 물과 잘 혼합되지 않거나 물에서 분리된다. 소수성 물질은 주로 탄소-수소결합이 많이 포함되어 있거나 아로마틱 유기 분자가 많다. 이러한 친수성과 소수성을 이용한 물질 분리 시스템도 많이 개발되어 있다.

물은 다른 물질을 잘 용해시키는 능력이 있는 보편 용매 universal solvent이며 훌륭한 반응 매개체 medium이다. 따라서 대부분의 화학반응은 물에서 일어난다. 중·고등학교 과정에서 배우는 대부분의 화학반응은 수용액^{aqueous solution}에서 이루어진다. 물에 잘 용해되는 물질들은 물의 성질을 변화시키고 화학적 반응을 할 수도 있다. 물은 자가 이온화^{autoinoization} 성질이 있어서 수소이온^{H⁺}과 수산화이온^{OH⁻}의 농도가 균형을 이루므로 기본적으로 중성이다. 따라서 화학적 안정성을 유지하면서 다양한 물질과의 화학반응이 일어날 수 있도록 한다. 화학물질들을 물에 녹이면 물속에서 산과 염기의 중화반응, 금속의 부식, 수산화물의 용해, 가스의 용해 등 많은 화학반응이 나타난다. 산 또는 염기가 물에 녹을 때는 수소이온 또는 수산화이온을 생성하며 pH값을 변화시킬 수 있다. 산과 염기의 중화반응은 수소이온과 수산화이온이 만나서 중성인 물을 생성하는 것이다. 간단한 중화반응의 예로 염기인 소다^{NaOH}와 산인 염산^{HCl}이 반응하면 물과 염^{NaCl}을 형성한다. 이러한 중화반응은 pH를 조절하거나 화학적 환경을 안정화하는 데 중요한 역할을 한다. 일부 금속은 물과 반응하여 산화되어 부식되고 수소이온을 생성할 수 있다.

물은 2개의 수소와 1개의 산소가 강한 공유결합으로 이루어진 분자로, 화학적으로 매우 안정하다. 따라서 일반적인 조건하에서 자발적으로 분해되지 않는다. 물은 전기분해 과정을 통해 수소 분자와 산소 분자로 분해된다. 이렇게 생성된 수소는 청정하고 지속 가능한 연료로, 수소 자동차에서 주로 사용되는 연료전지 차량의 동력원이 될 수 있다. 이 과정을 더 자세히 보면 전기에너지를 사용하여 물을 수소와 산소로 분해한 후 수소는 수소 저장 탱크에 저장한다. 저장된 수소는 연료전지에서 산소와 반응하여 물과 전기에너지를 생성하며, 이 전기에너지는 전기모터를 작동시키고 자동차를 움직이게 한다. 이처럼 연료전지에서 생성된 유일한 물질은 물이므로 수소 자동차가 친환경적이고 지속 가능한 대안으로 간주된다.

물은 또한 루이스염기이며 한 자리 리간드이다. 금속 유기 착체나 금속 유기 골격체가 공기 중 혹은 물에서 안정하지 않은 경우가 있는데, 그 이유는 공기 중 물 리간드가 금속 유기 착체나 금속 유기 골격체에 결합해서 기존 리간드가 떨어져 나가게 하거나 골조를 변형시키기 때문이다.

물 분자는 극성인 이온 화합물을 배위결합하여 안정

화시킨다. 우리가 실험을 위해 사용하는 금속이온 화합물은 대부분 금속이온 수화물^{hydrate}이다. 이는 수용액에서 금속이온이 물 분자와 함께 안정화되어 있다가 분리되어 수화물 고체 결정이 되기 때문이다. 이들은 금속이온이 물 분자와 배위결합하여 복합체^{complex}를 이룬 상태이다. 염화코발트 수화물$^{cobalt(II)\ chloride\ pentahydrate,\ CoCl_2·5H_2O}$의 경우 분홍색 결정^{crystal}이며, 가열하면 물이 제거되어 파란색의 사수화물 염화코발트$^{cobalt(II)\ chloride\ tetrahydrate,\ CoCl_2·4H_2O}$가 된다. 황산구리 수화물의 경우 구리 이온 1개가 5개의 물 분자와 배위결합하여 황산구리^{II} 오수화물$^{copper\ sulfate\ pentahydrate,\ CuSO_4·5H_2O}$이 된다. 황산구리 수화물은 푸른색 결정인 반면 무수 황산은 색깔이 없다. 따라서 이들 금속이온 화합물은 수분 지시약으로 사용할 수 있다.

불타는 얼음에 관해 얘기해보자. 앞에서 언급한 이온 물질뿐만 아니라 메테인^{CH_4}과 같은 분자 물질도 물에 의해 안정화될 수 있다. 이러한 분자 물질이 얼음 바구니 구조에 갇히면 분자 클라스레이트^{clatherate}를 형성한다. 특히 메테인 수화물$^{methane\ hydrate}$은 주로 깊은 바다에서 발견되는데 0℃ 이하의 낮은 온도와 심해의 높은 압력에서 물로 이루어진 십이면체 공 같은 구조를 형성한다. 메테인 수화물은 메테인 성분 95%와 물 5%로 이루어져 많은 메테인 가스를 함유하고 있어 미래의 천연가스 자원으로 여겨진다. 1930년대에 처음 발견되었으며 매장량이 100억t에 달하는 것으로 추정된다. 메테인은 분자 내 탄소-수소결합의 진동 모드를 통해 열적외선을 흡수하며 이산화탄소보다 온실효과가 강하다. 이에 메테인 수화물이 불안정해지면 대기 중으로 대량 방출되어 환경문제에 큰 영향을 끼칠 수 있다. 메테인 수화물에서 메테인 가스를 안정적으로 추출하기 위해서는 비용 및 여러 과학기술 문제를 해결해야 한다.

물의 화학적 안정성과 생명과학의 관점에서 언급한 높은 비열은 지구 상의 생명체 존재에 매우 중요한 역할을 한다. 물은 용매 역할, 온도 조절, 화학반응의 매개체 등 생명 유지에 필수적인 다양한 기능을 제공한다. 물이 불안정하여 쉽게 분해되거나 비열이 낮아 온도에 민감했다면 현재와 같은 생명 시스템을 유지하기 힘들었을 것이다. 사막처럼 물이 없는 곳에서는 공기 중의 수분을 포획하여 사용하는 방법이 열심히 연구되고 있다. 그중 금속 유기 골격체 같은 다공성 물질을 이용하여 공기 중의 수분을 포획하여 사용하는 효과적인 물 수확water harvesting 문제도 풀어야 할 중요한 과제이다. 이처럼 오늘날에도 다양한 관점에서 물에 대한 화학적 연구가 이루어지고 있다.

11

탄소순환

탄소순환 carbon cycle
수생 생태계 aquatic ecosystem
광합성 photosynthesis
먹이사슬 food chain
생산자 producer
소비자 consumer
세포호흡 cellular respiration
온실가스 greenhouse gas

탄화수소 hydrocarbon
메테인(메탄) methane, CH_4
에테인(에탄) ethane, C_2H_6
프로페인(프로판) propane, C_3H_8
뷰테인(부탄) butane, C_4H_{10}
석유 petroleum
등유 kerosene
갈탄 peat
아역청탄 lignite
역청탄 bituminous
무연탄 anthracite

탄소순환carbon cycle은 유기 탄소 저장고와 그 외 기권, 수권, 암권의 무기 탄소 저장고 사이에서 일어나는 생물·지질·화학적 순환이다. 생명체를 구성하는 분자는 탄수화물, 지질, 단백질, 핵산과 같은 탄소를 중심으로 하는 유기화합물이다. 따라서 생명체는 유기 탄소 저장고를 구성한다. 대기 중의 탄소는 이산화탄소CO_2로, 점차 증가하고 있으며 현재 400ppm을 넘어서고 있다. 이산화탄소는 또한 바다에 녹으면 물과 반응하여 탄산H_2CO_3을 만들어낸다. 따라서 대기와 바다 같은 곳을 무기 탄소 저장고라 한다. 바다에 녹은 이산화탄소는 '수생 생태계aquatic ecosystem'에서 해조류나 식물 플랑크톤 같은 생산자의 광합성photosynthesis을 통해 유기화합물에 고정된다. 이후 유기 탄소는 바다 생물의 먹이사슬food chain을 따라 이동한다. 한편 육지의 식물도 주요 생산자producer로서 대기 중의 이산화탄소를 광합성을 통해 유기화합물에 고정한다. 고정된 유기 탄소는 먹이사슬을 따라 초식동물과 육식동물 같은 소비자에게 섭취되어 이동한다. 바다나 육지의 생물이 유기화합물로부터 에너지를 얻기 위해서는 세포호흡$^{cellular respiration}$을 해야 하는데, 이 과정에서 일부 유기 탄소는 이산화탄소로서 다시 무기 탄소 저장고로 방출된다. 또한 먹이사슬에 있는 생산자나 소비자가 죽으면 사체의 유기화합물은 곰팡이나 세균에 의해 분해되어 무기 탄소 저장고로 돌아간다. 해저 퇴적물이나 습지 그리고 소의 장에 사는 일부 고세균^{archaebacteria}은 유기화합물을 대사하여 메테인을 대기 중에 방출하기도 한다. 이렇게 탄소는 유기 탄소 저장고와 기권과 수권의 무기 탄소 저장고 사이에서 역동적으로 순환한다.

한편 비교적 안정된 형태로 저장되는 탄소도 있다. 바다에 녹아 있는 탄산이 다시 칼슘과 반응하면 탄산칼슘$^{calcium carbonate, CaCO_3}$을 형성하며 해저에 침전된다. 이 침전물이 압축되면 탄산염암이 되어 비교적 안정된 형태의 탄소 무기 저장소 역할을 한다. 탄산염암에 속하는 석회암은 조개나 산호 같은 해양 생물이 죽은 후 석회질 물질이 가라앉고 퇴적되어 형성된 것이다. 최근 이산화탄소 농도가 증가함에 따라 바다가 산성화되고 있는데, 이로 인해 탄산염 음이온$^{carbonate\ salt\ anion,\ CO_3^{2-}}$이 줄어들어 탄산칼슘이 잘 만들어지지 않아 조개와 산호 같은 해양 생물을 위협하고 있다. 또한 지구 내부에 있는 석탄과 석유 같은 화석연료는 오래전에 죽은 생물 사체의 잔해에 의해 형성된 것으로, 안정된 형태의 유기 탄소 저장고에 속한다. 하지만 인간이 산업 활동으로 석탄과 석유를 연소하여 에너지를 얻고 이산화탄소를 대기로 배출하고 있다. 이산화탄소는 대표적인 온실가스$^{greenhouse\ gas}$로서 산업화 이후 배출량이 대폭 증가하면서 지구 평균기온 상승의 주요 원인이 되고 있다.

수백 년에서 수억 년 동안 묻혀 있는 석유 및 천연가스 분자에 저장된 에너지는 탄소 유기체 식물이나 동물이 태양으로부터 얻은 에너지로 만들어졌다. 석유와 천연가스가 생성되는 과정을 살펴보자. 죽은 식물, 동물, 조개류, 미생물들이 퇴적물과 함께 쌓이면서 지층 속으로 들어간다. 그리고 높은 압력과 온도에 의해 점차 유기체가 분해되어 탄화수소^{hydrocarbon}로 변환된다. 이후 특정한 온도와 압력에서 액체 상태인 석유와 기체 상태인 천연가스로 변환된다. 천연가스는 대부분이 메테인$^{methane, CH_4}$ 가스이지만 에테인$^{ethane, C_2H_6}$, 프로페인$^{propane, C_3H_8}$, 뷰테인$^{butane, C_4H_{10}}$ 가스도 포함되어 있다. 석유^{petroleum}는 탄소와 수소로 이루어진 탄화수소 화합물의 걸쭉한 액체로, 탄소 수 5에서 25까지인 사슬을 지닌다.

인간은 이들을 효율적으로 활용하기 위해 분별 증류를 이용하여 탄소 수 5에서 10에 해당하는 가솔린, 탄소

수 10에서 18에 해당하는 등유kerosene, 탄소 수 1~25에 해당하는 디젤 연료, 탄소 수 25 이상의 아스팔트 등으로 분리하여 용도에 맞게 산업 활동에 활용하고 있다.

석탄은 식물의 잔재가 묻힌 다음 수백만 년 동안 높은 압력과 열에 의해 형성된 것이다. 석탄은 갈탄peat, 아역청탄lignite, 역청탄bituminous, 무연탄anthracite의 4단계를 거쳐 숙성되며, 탄소의 함량이 점점 높아진다. 무연탄은 탄소 함량과 열량이 가장 높은 석탄이며, 갈탄은 열량이 가장 낮은 석탄으로 가치가 없다. 석탄은 탄소carbon, C, 수소hydrogen, H, 산소oxygen, O, 질소nitrogen, N, 황sulfur, S으로 이루어져 있으며, 이 중 황이 이산화황SO_2과 같은 오염물질을 배출하고 산성비acid rain의 원인이 된다. 석탄과 석유 모두 태울 때 이산화탄소carbon dioxide, CO_2를 발생시킴으로써 지구 환경에 문제를 일으킨다. 이산화탄소는 대기에서 열적외선을 매우 잘 흡수하여 다시 지구로 복사한다.

화학결합 운동의 모드mode의 관점으로 온실가스를 들여다보자. 보통 분자의 진동vibration 운동에너지 영역이 열적외선 에너지에 속한다. 이산화탄소 분자의 경우 이산화탄소의 대칭 신축 진동symmetric stretching vibration에서는 적외선 활성^{activity}이 나타나지 않는다. 그러나 비대칭 신축 진동 모드$^{asymmetric\ stretching\ vibration\ mode}$에서는 적외선 복사를 흡수할 수 있으며, 분자가 굽어지는 진동 형태 또한 열적 외선을 흡수한다. 비대칭 스트레칭 모드에서는 한쪽 산소 원자가 중간의 탄소로부터 멀어지는 동안 다른 쪽 산소 원자가 탄소에 가까워진다$^{O---C-O}$. 이 진동은 적외선 복사의 특정 파장을 흡수하여 이산화탄소가 열을 흡수하게 한다. 물의 경우 수소 원자가 산소 원자로부터 멀어졌다 가까워졌다 하는 스트레칭 진동과 두 수소 원자가 가까워졌다 멀어졌다 하는 굽힘 진동 모두가 열적외선 복사를 잘 흡수하여 온실가스로 작용한다.

이렇게 지구 표면의 온도는 대기의 물과 이산화탄소의 양에 큰 영향을 받는다. 대기의 이산화탄소 농도와 지구 온도의 상관관계는 정확하게 규명되지 않았지만 확실한 사실은 대기 중 이산화탄소의 농도가 100년 동안 급격히 증가하는 문제가 나타나고 있다는 것이다. 또한 산업이 발달함에 따라 석탄과 석유가 생성되는 속도보다 사용하는 속도가 빠르므로 탄소순환의 균형을 이루기 위해 화석연료 보존을 고려할 필요가 있다. 이에 따라 화석연료를 대체하는 에너지, 예를 들어 태양복사에너지, 핵분열 및 핵융합 에너지, 바이오매스biomass, 풍력발전 등이 활발하게 연구 및 개발되고 있다.

12

물질대사

효소

촉매

활성화 에너지

물질대사 metabolism
이화작용 catabolism
동화작용 anabolism
대사산물 metabolite
1차 대사산물 primary metabolite
2차 대사산물 secondary metabolite
대사체학 metabolomics
효소 enzyme
활성화 에너지 activation energy
라이보자임 ribozyme
번역 후 변형 과정 post-translational modification
음성 되먹임 negative feedback
변성 denaturation
DNA 중합 효소 DNA polymerase
전이 상태 transition state
효소-기질 복합체 enzyme-substrate complex
활성 부위 active site

정촉매 positvie catalyst
부촉매 negative catalyst
자가촉매화 autocatalysis
균일 촉매 homogeneous catalyst
불균일 촉매 heterogeneous catalyst
결함 defect
반응 중간체 reaction intermediate

생명체의 주요 특징 중 하나는 물질대사를 한다는 것이다. 물질대사는 생명현상을 유지하기 위해 생명체 또는 세포에서 일어나는 모든 생화학반응을 말한다.

물질대사의 반응은 크게 이화작용[catabolism]과 동화작용[anabolism]으로 나눌 수 있다. 이화작용은 생명체가 고분자 유기물을 보다 간단한 유기물 분자나 무기물로 분해하는 과정으로, 이를 통해 동화작용에 필요한 에너지와 구성 성분을 제공한다. 음식물 소화와 세포호흡이 대표적인 이화작용이다.

동화작용은 이화작용에서 방출된 에너지와 구성 성분으로 보다 복잡한 고분자 유기물을 제조하는 과정이다. 예를 들어 아미노산, 단당류, 뉴클레오타이드와 같은 단위체를 이용하여 단백질, 다당류 및 핵산 같은 고분자 중합체를 생합성하는 과정이 해당한다. 식물의 엽록체에서 이산화탄소와 물을 반응물로 하여 빛 에너지를 이용해 탄수화물을 합성하는 과정도 동화작용의 일례다.

물질대사의 중간 산물이나 최종 산물을 대사산물 metabolite이라고 한다. 대사산물 중 생명체의 생장과 발달 그리고 생식에 직접 필요한 아미노산, 뉴클레오타이드, 비타민 같은 대사산물을 '1차 대사산물primary metabolite'이라 고 한다. 생명 유지에 직접 관여하지는 않지만 색소와 항 생물질antibiotics, 알칼로이드alkaloid처럼 생물학적으로 중요 한 기능을 하는 대사산물을 '2차 대사산물secondary metabolite' 이라 한다. 최근 대량 분석 기술의 발달에 힘입어 생명체 나 세포에서 발견되는 1.5kDa 이하 저분자 대사산물의 완전한 집합인 대사체를 정량·정성분석하는 대사체학 metabolomics이 발전하고 있다. 대사체를 분석하기 위해서는 핵자기공명 분광법Nuclear Magnetic Resonance, NMR과 질량분석기 Mass Spectrometer, MS가 주로 사용된다.

생명체에는 수천 가지의 대사산물이 존재하므로 물 질대사의 경로도 매우 복잡하며 서로 정교하게 연결되어 있다. 이처럼 다양한 생화학반응이 생명체와 세포라는 제한된 환경에서 생명체의 필요에 따라 적절하게 통제되어 일어나야 한다는 것은 쉽지 않은 일이다. 이 문제를 해결하기 위해 중요한 역할을 하는 것이 생물 촉매^{biocatalyst}인 효소^{enzyme}다. 효소는 3차원적 형태를 갖춘 단백질로 이루어져 있으며, 생화학반응에 필요한 '활성화 에너지^{activation energy}'를 낮추어 반응속도를 높인다. 효소는 또한 단백질뿐만 아니라 효소 활성을 위해서 단백질이 아닌 유기화합물이나 금속이온 같은 보조 인자를 필요로 하기도 한다. 수많은 생화학반응에 특이적으로 관여해야 하는 효소의 요구를 충족할 수 있는 생체분자로는 구조가 엄청나게 다양한 단백질이 당연히 가장 먼저 적합해 보인다. 하지만 단백질만이 생물 촉매 역할을 하는 것은 아니고 일부 기능성 RNA도 라이보자임^{ribozyme}으로서 촉매 역할을 한다.

생명현상을 유지하기 위해서는 물질대사와 관련한 생화학반응이 막힘없이 잘 일어나는 것만으로는 충분하지도 적절하지도 않다. 생명체의 주요 특징은 항상성 조절이다. 따라서 과도하게 많이 생성된 대사산물은 줄이고 부족한 대사산물은 늘리기 위해 끊임없이 대사 경로의 속도를 조절해야 한다. 이를 위해 생명체는 효소의 양과 활성을 조절한다. 효소의 정량적 조절은 효소라는 단백질을 합성하는 과정인 유전자 발현의 조절을 통해 가능하다. 어떤 효소는 생합성된 후에도 활성을 나타내기 위해 추가로 인산화나 '단백질 절단proteolytic cleavage' 같은 '번역 후 변형 과정post-translational modification'이 필요하다. 따라서 상대적으로 시간이 걸리는 유전자 발현 과정을 통해 세포가 비활성 효소를 미리 준비해둔 상태에서 특정 생리적 조건에 처하면 신호가 발생하여 이들 효소를 번역 후 변형을 통해 빠르게 활성화하여 물질대사를 조절할 수도 있다. 또한 특정 대사 경로의 최종 산물이 해당 경로의 속도 조절 단계에 관여하는 효소의 활성을 억제하는 '음성 되먹임negative feedback'을 통해 해당 경로의 전체 속도를 조절하는 방법도 많이 발견된다. 음성 되먹임으로 효소의 활성을 조절할 수 있다는 사실을 활용하면 질병과 관련한 특정 효소의 활성을 인위적으로 억제할 약물을 개발할 수도 있음을 알 수 있다.

단백질로 이루어진 효소는 이러한 장점에도 불구하고 취약점도 있다. 효소는 3차원적 형태의 단백질로 이루어져 있는데, 이 3차원 구조가 매우 복잡하고 정교하여

240

환경 조건에 따라 쉽게 변성^{denaturation}될 수 있다. 효소가 원래의 구조를 잃어버리면 효소는 활성을 잃는다. 대표적으로 효소는 고온에 노출되면 변성이 일어난다. 그렇다면 왜 고온이 문제가 될까? 단백질의 3차원적 구조에 관여하는 화학결합 중 열에 약한 결합이 많기 때문이다. 반데르발스 결합$^{van der Waals interaction}$, 수소결합$^{hyrodgen bond}$, 이온결합$^{ionic bond}$과 같은 비공유결합이 단백질 구조의 접힘^{folding}과 안정성^{stability}에 중요한 역할을 하는데 이러한 결합은 공유결합에 비해 열에 취약하다. 반대로 효소를 저온에 두면 단백질 구조의 변성이 일어날 확률은 줄어들지만, 저온에서 생화학반응을 수행하면 반응속도가 느려질 수 있다.

한편 COVID-19의 PCR$^{polymerase chain reaction}$ 검사에 사용된 'DNA 중합 효소$^{DNA polymerase}$'는 온천이라는 극한 환경에 사는 내열성 세균에서 발견되었다. 이 DNA 중합 효소는 90℃ 이상의 고온에도 단백질 구조가 변성되지 않는다. 그 이유는 단백질 내부에 시스테인^{cystein}이라는 아미노산이 많이 존재하며, 이들 사이에 이황화 결합^{disulfide} ^{bond}이 다수 존재하기 때문으로 생각된다. 효소는 또한 생체의 대부분을 차지하는 물에 녹는 구형 단백질이기 때문에 단백질 내부에 물을 싫어하는 소수성 아미노산이 주로 포진되어 있고, 물을 좋아하는 친수성 아미노산은 단백질의 외부 표면에 있을 가능성이 높다. 따라서 효소를 에테르^{ether} 같은 비극성 용매에 넣으면 효소의 내부와 외부가 뒤집히는 현상이 생기며 활성을 완전하게 잃게 된다.

그렇다면 효소는 어떻게 활성화 에너지를 낮추어 화학반응의 속도를 높이는 것일까? 모든 화학반응의 반응물과 생성물 사이에는 활성화 에너지 장벽이 존재한다. 따라서 반응물이 활성화 에너지 장벽을 넘기 위해서는 가장 높은 퍼텐셜에너지를 갖는 전이 상태$^{transition\ state}$라는 구조를 거쳐야 한다. 활성화 에너지 장벽으로 인해 일반적 세포 환경에서는 반응물이 쉽게 전이 상태를 거쳐 생성물로 변화하기 어렵다. 효소가 촉매하는 생화학반응에서 효소의 활성 부위$^{active\ site}$에 결합하는 반응물을 기질^{substrate}이라고 하는데, 기질은 효소와 결합하여 '효소-기질 복합체 $^{enzyme-substrate\ complex}$'를 형성한다. 효소의 활성 부위는 기질로 하여금 화학반응이 일어나기 쉽도록 우호적인 미세 환경과 기질의 방향성을 잡아줌으로써 활성화 에너지 장벽을 낮추어 기질이 전이 상태에 쉽게 도달할 수 있도록 하여 반응을 촉진한다고 알려져 있다.

촉매는 화학반응에서 반응물과 함께 반응에 참여하지만 반응이 끝난 후 소모되거나 변하지 않으면서 화학반응의 속도를 증가시키거나 감소시킬 수 있는 물질이다. 반응속도를 높이면서 소모되지 않는 물질을 정촉매[positive catalyst]라고 하고, 반응속도를 늦추는 촉매를 부촉매[negative catalyst]라고 부른다. 촉매는 정반응뿐만 아니라 역반응의 속도에도 영향을 주므로 평형상태에는 영향을 주지 않으며, 평형상수는 변하지 않는다. 촉매가 들어간 화학반응을 촉매반응이라고 한다. 촉매반응은 반응속도에 영향을 줄 뿐만 아니라 화학반응의 특이성을 조절하기도 한다. 어떤 반응에서는 반응 생성물이 촉매 역할을 하여 반응이 진행되고 나면 생성물이 자체 형성을 촉진하는데, 이를 자가촉매화[autocatalysis] 반응이라고 한다. 이 반응은 유기 합성, 생화학 과정에서 관찰된다. 산업 분야에서 경제적 이익이 크므로 촉매반응 연구는 꾸준히 중요시되고 있다.

촉매의 반응속도는 다양한 방법으로 빠르게 할 수 있다. 반응 분자가 반응에 유리한 방향으로 배열되게 하여 반응속도를 높이는 방법, 활성화 에너지를 낮추어 다른 빠른 반응 경로로 가게 하는 방법 등이 있다. 일반적으로 촉매가 없는 경우 활성화 에너지가 높은 1단계 반응이라면, 촉매를 추가하면 활성화 에너지가 낮은 2단계 반응으로 나아감으로써 반응이 빨리 이루어진다.

촉매는 크게 균일 촉매homogeneous catalyst와 불균일 촉매heterogeneous catalyst로 나눌 수 있다. 균일 촉매는 상태가 반응물과 같은 촉매이고 불균일 촉매는 상태가 반응물과 다른 촉매를 말한다. 균일 촉매반응은 불균일 촉매에 비해 다소 약한 조건에서 진행된다는 장점이 있고, 반응 후 분리하기 힘들다는 단점이 있다. 균일 촉매의 단점은 폴리머에 부착하거나 양쪽상 촉매를 개발하는 방법 등을 통해 개선되고 있다. 산업적 촉매반응에서는 대부분 불균일 촉매를 사용하고 있는데, 격한 반응 조건으로 인해 주로 높은 온도와 높은 압력하에서 반응이 이루어진다. 금속이나 제올라이트 등이 주로 고체 불균일 촉매에 속한다. 특히 플래티넘platinum, 금gold, 팔라듐paladium 등 귀금속을 촉매로 사용할 수 있는 이유는 반응 시 소모되지 않을 뿐만 아니라 내구성이 높아 격한 반응 조건에서도 잘 견뎌서 여러 번 재사용할 수 있기 때문이다. 면심입방결정 구조Face Centered Cubic, FCC를 지닌 플래티넘 금속은 단위 부피당 금속 원자 수가 많고 표면적이 커서 반응물과 쉽게 상호작용하는 자리가 많아서 활성화 에너지가 낮은 다른 반응 경로로 가게 하는 대표적 촉매이다. 이러한 미량의 금속도 촉매로 효과적으로 작용하여 식품을 상하게 할 염려가 있다. 그러므로 식품 및 화장품 등을 오래 보존하기 위해서는 EDTA 같은 킬레이트chelate를 넣어 금속을 제거한다.

금속 표면의 결함 자리는 에너지가 높아서 촉매 활성 자리activation site가 된다. 결함은 원자가 빠져 공공vacancy을 만들거나 틈새 자리interstitial site에 다른 원자가 들어가는 등 완벽한 결정 구조를 이루지 못한다는 뜻이다. 이러한 결함은 주변 원자들에 영향을 미쳐 전체 격자의 에너지를 증가시킨다. 또한 완벽한 결정 구조 내 결함 자리는 최적화된 원자 간 배열과 결합 에너지의 균형을 깨서 에너지를 높인다. 예를 들어 일부 원자들은 이상적인 거리보다 가까워져 반발이 일어나 에너지가 높아지기도 한다. 또한 완벽한 결정 구조 내에서는 전자들이 안정한 에너지 상태를 가지지만, 결함이 존재하면 새로운 전자 상태를 만들어 에너지를 높인다.

금속 표면의 일산화탄소^{CO} 기체 흡착 메커니즘^{mechanism}은 열적외선 분광법으로 많이 연구되었다. 첫 번째 단계는 반응물이 금속 표면에 결합하는 단계로 주로 금속 골조층에서 결함^{defect} 있는 자리가 활성 자리가 된다. 두 번째 단계는 금속 표면에 결합한 반응물 분자 내 특정 결합의 활성화인데, 특정 결합이 약해져 반응이 잘되도록 하는 단계이다. 이렇게 촉매 금속이 흡착된 반응물의 전자 환경을 바꿔서 반응 중간체$^{reaction\ intermediate}$나 생성물의 형성을 촉진한다. 세 번째 단계는 생성물이 촉매 표면으로부터 탈착^{desorption}하는 과정이다. 지속적인 촉매 활성 자리를 마련하기 위해서는 이 과정도 중요하다.

제올라이트는 원유로부터 다양한 화학제품을 생산하는 정유 및 석유화학 공정에 사용되는 핵심 촉매이다. 많은 천연 및 합성 제올라이트는 동공 및 채널이 잘 알려져 있고, 환경친화적이어서 산업적으로 활용하기 좋다.

특히 제올라이트 Y 계열 촉매는 매우 안정한 제올라이트라 하여 USY$^{Ultra Stable Zeolite Y}$라고 불린다. 현재 전 세계 원유 생산량의 약 40%로부터 가솔린처럼 일상생활에 필수적인 제품을 만드는 데 사용된다. 제올라이트의 높은 촉매 활성은 알루미늄 자리의 브뢴스테드산도에 근거한다. 제올라이트를 이루는 실리콘과 알루미늄의 조성비가 촉매 활성 자릿수를 결정하고 제올라이트의 산도를 결정한다. 제올라이트의 실리카$^{silica, SiO_2}$ 격자 구조에서 실리콘 대신 알루미늄 원자가 대체하는 비율에 따라 전체 격자의 전자 균형$^{charge balance}$이 변한다. 실리콘^{silicon} 대신 알루미늄^{aluminum} 원자로 대체되면 알루미나^{AlO_2}가 되어 격자 내 음전하$^{negative charge}$를 만든다. 이 음전하는 주위의 수소이온$^{H^+}$을 끌어당겨 알루미늄과 인접한 산소 원자에 느슨하게 붙어 있다. 이 수소이온은 다른 분자의 이온이나 분극된 원자에 쉽게 줄 수 있으므로 브뢴스테드산의 자리가 된다. 또한 알루미늄 원자의 수에 따라 브뢴스테드산의 정도가 변한다. 합성 제올라이트 ZSM-5도 형태 선택적 촉매로 많이 활용되고 있으며, 메탄올$^{methanol, CH_3OH}$에서 올레핀^{olefin} 반응이나 액화석유가스$^{Liquefied Petroleum Gas, LPG}$ 생산에 활용되고 있다.

나노 입자nano particle도 많은 촉매반응에서 널리 사용된다. 촉매로 사용되는 소재를 나노 크기의 입자로 만들면 표면적이 넓어져 반응속도가 빨라지므로 효과적이다. 뿐만 아니라 나노 입자의 모서리나 경계면은 종종 촉매 활성 부위로 작용할 수 있다. 즉, 모서리나 경계면은 더 많은 결합이 노출되어 있어 더 많은 활성 부위를 제공할 수 있다. 또한 나노 입자의 크기가 줄어들면 전자의 분포도 변한다. 특히 모서리와 경계면에서 전자의 밀도가 더 높아지는 경우가 있다. 이는 활성 촉매로서의 역할을 강화할 수 있다. 왜냐하면 화학반응에는 종종 전자의 이동이 필요한데, 이러한 추가적 전자밀도는 화학반응속도를 증가시키는 데 도움이 될 수 있기 때문이다. 이러한 이유 때문에 촉매 활성을 극대화하기 위해 모서리를 극대화하여 나노 로드nano rod나 별 모양star shape을 만드는 등 나노 입자의 모양을 조절하는 연구가 중요시되고 있다.

13

광합성

양자 결맞음

양자 얽힘

양자생물학

인공 광합성

광합성 photosynthesis
광독립영양생물 photoautotroph
독립영양물 autotroph
화학독립영양생물 chemoautotroph
종속영양생물 heterotroph
엽록체 chloroplast
광반응 light reaction
캘빈회로 Calvin cycle
광계I photosystem I
광계II photosystem II
전자전달계 electron transport chain
엽록소 chlorophyll
양성자 구동력 proton motive force
ATP 합성 효소 ATP synthase
NADPH Nicotinamide Adenine Dinucleotide Phosphate
탄소고정 carbon fixation
루비스코 RuBisCO
C3 식물
광호흡 photorespiration
포스포에놀피루브산 카복실화 효소 phosphoenol pyruvate carboxylase
CAM Crassulacean Acid Metabolism
C4 식물

당 sugar
양자 결맞음 상태 quantum coherent state
물질파 matter wave
엑시톤 exciton
보스-아인슈타인 응축 Bose-Einstein condensate
양자 얽힘 quantum entanglement

활성 자리 activation site
물 분해 water splitting
루테늄 바이피리딘 복합체 Ruthenium bipyridin complex, $[Ru(bpy)_3]^{2+}$
인공 광합성 artificial photosynthesis

광합성은 지구 상의 생태계를 지탱하는 가장 중요한 생화학적 과정이다. 지구에 도달한 빛 에너지를 이용하여 식물이 이산화탄소와 물이라는 단순한 반응물을 통해 탄수화물이라는 높은 화학에너지를 지닌 생성물을 만드는 마술 같은 과정이다. 지구 상의 생물 중 광합성을 하는 생물은 식물 외에 조류와 광합성 박테리아 등이 있다. 이들 모두를 광독립영양생물photoautotroph이라 한다. 독립영양생물autotroph이란 생체분자의 골격을 이루는 탄소원으로서 유기물이 없이도 이산화탄소를 이용하여 유기물organic matter을 만드는 생물이라는 의미로, 흔히 '스스로 자신의 음식을 만들어내는 생물'이라고 표현한다. 이산화탄소로 유기물을 만드는 과정에서 에너지원으로 빛 에너지를 이용하기 때문에 광독립영양생물이라고 한다. 한편 무기물inorganic matter을 산화시켜 얻은 에너지로 이산화

253

탄소를 이용하여 유기물을 만드는 생물은 화학독립영양생물chemoautotroph이라고 한다. 모든 동물을 포함한 종속영양생물heterotroph은 이들 독립영양생물이 만든 유기물에 의존하여 생명현상을 유지한다.

식물의 광합성 반응은 이산화탄소와 물을 반응물로 하여 주 생성물인 포도당과 부산물인 산소를 발생시킨다. 동물은 탄수화물인 포도당뿐만 아니라 세포호흡을 위한 산소가 반드시 필요하기 때문에 광합성의 생성물이 모두 귀중하다. 식물의 엽육세포mesophyll cell에 존재하는 엽록체chloroplast라는 세포 소기관에서 일어나는 광합성은 빛에 의존하는 광반응light reaction과, 빛에 직접 의존하지는 않는 캘빈회로Calvin cycle라는 두 과정으로 나뉜다.

광반응은 엽록체의 그라나grana 부위에서 일어난다. 그라나는 내부가 비어 있는 동전과 같은 틸라코이드thylakoid가 탑을 쌓아 올린 듯한 구조물들의 전체를 말한다. 틸라코이드 막에는 광계I photosystem I, 광계II photosystem II 및 전자전달계electron transport chain를 구성하는 단백질 복합체와 색소pigment들이 박혀 있다. 태양광의 광자photon가 틸라코이드 막에 존재하는 엽록소^{chlorophyll}와 카로티노이드^{carotenoid} 같은 안테나 색소를 때리면 이들 색소 분자를 구성하는 전자가 들뜬상태^{excited state}가 되었다가 바닥상태^{ground state}로 떨어지면서 인접한 색소 분자의 전자를 다시 들뜨게 한다. 이러한 에너지 전달 과정이 반복되면서 광계II라는 반응 중심^{reaction center}에 있는 1쌍의 엽록소a로 에너지들이 모인다. 이때 물이 깔때기로 모이는 것처럼 광계II의 안테나 색소들에서 전달된 에너지들이 반응 중심의 엽록소a로 모인다. 결국 광계II의 반응 중심에 있는 엽록소a의 전자는 이러한 에너지를 얻어 매우 높은 에너지를 가지며 이제는 들뜬상태 정도가 아니라 이웃한 전자전달계의 첫 번째 수용체로 넘어가버리는 사건이 발생한다. 이때 광계II의 엽록소a는 전자를 잃어버렸으므로 산화되는데, 틸라코이드에 있는 효소가 물을 분해하면서 수소이온과 산소를 발생시키고 물 분자에 있던 전자는 광계II의 반응 중심에 있는 엽록소a로 전달되어 잃어버린 전자를 다시 채운다. 즉, 광합성에서 물의 역할은 반응 중심의 엽록소a에 전자를 제공하는 것이고, 이 과정에서 산소 또한 발생한다는 것을 알 수 있다.

광계II의 반응 중심에 있는 엽록소a에서 전자전달계로 넘어간 전자는 전자전달계 내에서 옆 사람에게 수건을 넘겨주듯 전자를 넘겨주는 과정을 수행한다. 이 과정에서 전자의 에너지는 점차 낮아진다. 이때 방출되는 에너지를 통해 틸라코이드 안팎으로 수소이온의 농도 기울기가 나타난다. 이러한 수소이온의 농도 기울기를 양성자 구동력 proton motive force이라고 한다. 이 상태는 일종의 퍼텐셜에너지로서 댐에 물이 차 있는 것과 유사하다고 볼 수 있다. 수력발전에 댐에 가득찬 물이 이용되듯이 수소이온의 농도 기울기는 결국 틸라코이드의 막에 있는 'ATP 합성 효소 ATP synthase'를 통과하며 ATP라는 에너지 화폐를 만든다. ATP는 광합성의 두 번째 과정인 캘빈회로에 사용된다.

한편 캘빈회로에는 ATP 외에도 고에너지 전자를 제공할 수 있는 NADPH가 필요하다. NADPH를 생성하는 과정에서 광계II에서 나와 전자전달계를 통과한 전자가 광계I의 반응 중심에 있는 엽록소a에 도달한 후 광계II의 안테나 복합체에서 일어난 에너지 전달 과정을 광계I에서 반복한다. 광계I의 반응 중심에 있는 엽록소a의 전자는 광계II의 경우보다 기본적으로 에너지 상태가 높다. 또한 깔때기처럼 모인 에너지는 전자의 에너지를 광계II에서 보다 더욱 높은 에너지 수준까지 올려서 이웃한 전자 전달계로 넘긴다. 이 고에너지 전자는 결국 수소이온과 $NADP^+$와 함께 NADPH라는 고에너지 전자 운반체를 생성한다. 이렇게 광반응에서 만들어진 ATP와 NADPH는 빛에 독립적인 과정인 캘빈회로에 사용된다.

캘빈회로는 광반응의 산물인 ATP와 NADPH를 사용하며 이산화탄소를 환원시켜 탄수화물을 생성하는 과정이다. 이 과정은 엽록체의 안쪽이면서 그라나라는 동전탑의 밖을 차지하는 액상 부분인 스트로마^{stroma} 공간에서 일어난다. 캘빈회로에서 첫 번째 단계는 이산화탄소를 유기물에 고정시키는 과정인 탄소고정^{carbon fixation}이다. 탄소고정을 수행하는 루비스코^{RuBisCO}라는 효소는 RuBP^{Ribulose 1,5-bisphosphate}라는 탄소 5개가 골격을 이루는 화합물에 이산화탄소를 붙인다. 그 생성물은 바로 쪼개져 탄소가 3개인 PGA^{Phosphoglyceric Acid}라는 물질이 된다. 이와 같이 탄소고정 이후 생성되는 안정한 유기화합물의 탄소가 3개라는 점에서 이러한 식물을 C3 식물이라고 한다. PGA는 에너지와 환원력을 제공하는 NADPH로부터 고에너지 전자를 얻고 또한 ATP의 에너지를 사용하여 PGAL $^{\text{3-Phospho}}$ ^{Glyceraldehyede}이라는 3탄당으로 바뀐다. 이렇게 생성된 일부 PGAL $^{\text{(Glyceraldehyde 3-Phosphate, G3P라고도 함)}}$은 추가 과정을 통해 다시 RuBP를 재생산하며 회로를 완성한다. 여기서 캘빈회로를 통해 직접 만들어지는 탄수화물 생성물은 우리가 흔히 아는 포도당이 아닌 PGAL이라는 3탄당임을 알 수 있다. 다만 3탄당인 PGAL 2개가 추가 대사 과정을 통해 6탄당인 포도당으로 바뀐다. 포도당은 식물의 미토콘드리아에서 세포호흡을 통해 에너지 화폐인 ATP를 만드는 데 이용되거나, 녹말이나 셀룰로오스 같은 다양한 다당류를 합성하는 데 단위체로 사용된다.

캘빈회로에서 탄소고정을 수행하는 루비스코는 지구 상에 가장 많이 존재하는 단백질이기도 하다. 그런데 루비스코에는 문제점이 있다. 루비스코는 이산화탄소를 RuBP라는 유기물에 붙일 수 있는 효소이지만 이산화탄소의 농도가 지나치게 낮으면 이산화탄소 대신 산소를 RuBP에 붙이는 산화 반응을 수행한다. 루비스코의 영문약어 RuBisCO에서 C는 카복실화 효소 ^{carboxylase}이며, 기질에 이산화탄소를 붙이는 기능을 한다는 의미이다. 반면 O

는 산소 첨가 효소^{oxidase}라는 의미로 기질에 산소를 붙일
수도 있다는 의미이다. 효소는 일반적으로 기질 특이성
이 있어 2가지 서로 다른 반응을 수행하는 경우가 드물
다. 루비스코가 이산화탄소 대신 산소를 RuBP에 집어넣
으면 캘빈회로가 정상적으로 수행될 수 없으며, 이미 유
기물에 고정된 탄소가 오히려 대기 중의 이산화탄소로
빠져나간다. 이 과정에서 ATP 에너지도 사용하는 광호흡
^{photorespiration}이라는 매우 좋지 않은 반응을 수행한다. C3
식물에서 광호흡이 일어나는 상황은 온도가 높고 건조한
날씨와 관련 있다. 즉, 물이 증발하기 쉬운 날씨에 식물은
잎에서 소중한 물이 증발하는 것을 최소화하기 위해 기
공^{stoma}을 조금만 연다. 그러면 식물의 잎 내부에서 이산
화탄소가 고갈되고 루비스코는 이산화탄소 대신 산소를
RuBP에 집어넣는다.

 그렇다면 루비스코는 왜 이렇게 진화했을까? 광합
성 생물이 처음 나타난 지구의 원시 대기에는 산소 농도
가 높지 않았기 때문에 루비스코가 이산화탄소 대신 산
소를 유기화합물에 붙이는 문제가 없었다. 하지만 지구
에 광합성 생물이 등장하여 산소 농도가 올라가면서 문

제가 발생한 것이다. 한편 옥수수나 사탕수수 같은 C4 식물의 엽육세포에서는 광호흡 발생을 막기 위해 이산화탄소에 대한 친화력이 강한 포스포에놀피루브산 카복실화 효소phosphoenol pyruvate carboxylase가 이산화탄소를 고정하여 4탄소 화합물을 먼저 생성한다. 그리고 4탄소 화합물은 C4 식물의 유관속초bundle sheath 세포로 이동한 후 3탄소 화합물로 바뀌며 이산화탄소를 방출한다. 루비스코는 이렇게 방출된 이산화탄소를 RuBP에 고정하면서 캘빈회로를 수행한다. 선인장과 파인애플 같은 CAMCrassulacean Acid Metabolism 식물은 광호흡 문제를 해결하기 위해 또 다른 전략을 구사한다. 이들 식물은 밤에만 잎의 기공을 여는데, C4 식물과 마찬가지로 포스포에놀피루브산 카복실화 효소가 이산화탄소를 고정하여 4탄소 화합물을 만들어 엽육세포의 액포vacuole에 저장해둔다. 그리고 낮에는 잎의 기공을 완전히 닫은 채 4탄소 화합물로부터 이산화탄소를 배출한 후 마찬가지로 캘빈회로를 수행한다. 이처럼 C4 식물이나 CAM 식물도 광합성을 위해 루비스코를 사용하지만, 이산화탄소에 대한 친화력이 강한 포스포에놀피루브산 카복실화 효소를 탄소고정에 먼저 사용함으로써 광호흡 문제를 극복한다.

　　동물과 식물을 모두 포함하여 생명 활동에 사용되는 생화학에너지의 저장과 수송에는 흔히 '당sugar'이라고 지칭되는 탄수화물과 포도당의 역할이 절대적이다. 때문에 포도당 합성이야말로 생명체 유지, 나아가 생태계 유지의 최우선 과제라고 할 수 있고 지구 상에서는 이 과제를 대부분 식물이 담당하고 있다. 식물이 빛 에너지와 이산화탄소, 물을 원료로 진행하는 이러한 합성 작업이 바로 광합성이다. 광합성 과정의 중요성은 절대적이어서 누구나 한 번쯤 '인체도 광합성을 할 수 있다면 어떨까' 등의 질문을 해봤을 것이다. 실제로 포도당을 합성하는 것은 아니지만 광촉매를 활용하여 탄소 화합물을 합성하는 '인공 광합성' 기술이 개발되고 있다.

　　식물의 광합성은 여러 단계의 복잡한 생화학 과정을 거치는데, 현재까지 밝혀진 이 과정에는 과학자들을 오랫동안 괴롭혀온 난제가 있다. 그것은 자연 광합성의 에너지 전환 효율이 매우 높다는 것이다. 흔히 자극적인 미디어를 통해 태양전지보다 식물의 광합성 효율이 높다는 식으로 소개되기도 하는데, 여기서 주의할 점은 에너지 전환 효율이라는 것이 과정의 어디서 어디까지를 에너지 입출력의 기준으로 볼 것인가에 따라서 천차만별로 다르게 산출될 수 있다는 점이다.

예를 들어 헤어드라이어의 에너지 효율을 말할 때, 헤어드라이어의 전선을 통해 외부에서 공급되는 전력량과 최종적으로 헤어드라이어에서 나오는 따뜻한 바람의 에너지를 비교할 수도 있지만, 헤어드라이어 내부의 열선에서 전기에너지가 열로 변환되는 정도를 비교할 수도 있다. 대부분은 계의 구성 부분 각각의 효율이 계 전체의 효율보다 높다. 따라서 식물 광합성의 효율을 이야기할 때도 광합성 과정의 어떤 단계의 에너지들을 비교하는지 주의할 필요가 있다. 만약 식물에 내리쪼인 전체 태양빛을 기준으로 광합성의 효율을 산출한다면 2% 미만이 된다. 특정 파장의 빛만이 광합성에 활용되고, 생화학반응의 각 과정에서 열 등으로 에너지가 계속 손실되기 때문이다. 참고로 태양전지의 전체 효율은 20% 내외이다.

하지만 광합성의 세부 과정에는 에너지 전환 효율이 80% 이상인 과정이 있는데, 바로 엽록소가 광자 1개의 에너지를 전달하는 과정이다. 좀 더 구체적으로는 붉은색 파장에 대응되는 광자는 80% 정도의 효율로 에너지가 전환되고 파란색 파장에 대응되는 광자는 95% 이상의 효율로 에너지가 전환된다. 이 과정은 대략적으로 다음과 같다. 엽록체 안에는 엽록소 분자와 발색단 분자들이 모여 있는 복합체들이 있다. 이 복합체에 광자가 도달하면 복합체 내부의 엽록소 분자 1개에 광자 1개가 흡수되면서 엽록소 분자 내부에 있는 전자를 높은 값의 에너지 준위로 여기excitation시킨다. 이 에너지는 복합체 내부의 과정에 의해 마침내 광합성 반응 중심에 이르고, 여기에서 비로소 포도당 합성을 향한 1차적인 생화학반응이 일어난다. 놀라운 것은 엽록소에 처음 도달한 광자 에너지의 80% 이상이 광합성 반응 중심에 도달한다는 것이다.

만약 인간이 실험실에서 광자의 흡수 재방출을 이용해서 이 정도 효율의 에너지 전달 체계를 만들려면 극저온의 통제된 물질 배열을 이용해야만 가능할 것이다. 앞서 말한 광합성에서의 에너지 전달은 상온에서 엽록소, 발색단, 물 분자, 그리고 단백질 등의 고분자가 모두 섞여 있는 축축하고 따뜻한 복합체 내에서 일어난다. 바로 이 점이 광합성 과정을 이해하기 어렵게 만드는 점 중 하나이다. 이 과정에 대해서는 크게 2가지 주장이 경쟁하고 있다. 하나는 반응 중심까지의 에너지 전달에 양자역학적 효과가 관여한다는 것이고, 다른 하나는 양자역학적 효과보다는 고분자들의 효율적인 구조에 의한 분자들의 고전적 진동이 주요하다는 것이다. 여기서 양자역학적 효과는 양자 결맞음을 이야기한다. 양자 결맞음 상태 quantum coherent state는 양자 현상과 관련하여 여러 가지 맥락에서 사용되는 용어이다. 대개의 경우, 한 입자의 상태 중첩 또는 여러 개의 입자들로 이루어진 계의 양자역학적 상호작용이 유지되는 것을 '양자 결맞음이 있다' 또는 '양자 결맞음이 유지된다'라고 표현한다.

그레고리 엥글Gregory Engel과 다른 연구자들은 2010년 양자 결맞음 효과에 의한 현상을 생리학적 온도의 광합성 복합체에서 측정했다는 연구 결과를 발표하였다. 복합체에 흡수된 광자가 복합체 내에서 전자의 에너지 준위를 여기시킬 때 여기된 전자(들)의 운동이 물질파 파동처럼 행동하고, 이러한 파동들이 에너지를 잃지 않고 반응 중심에 약 300fs$^{(300×10^{-15}s)}$ 만에 도달한다는 내용이었다. 여기서 편의상 전자의 물질파라고 설명하였으나 엄밀히 이야기하면 여기된 전자와 양공의 짝인 엑시톤^{exciton}의 양자 중첩 상태들이 위상이 유지된 채 진행하는 것을 말한다. 연구자들은 엑시톤 파동의 맥놀이 현상을 측정하였다고 주장했지만, 데이비드 조너스$^{David\ M.\ Jonas}$와 다른 연구자들은 측정된 신호가 분자들 진동의 맥놀이에서 기인한다고 주장하였다. 즉, 양자역학적 효과가 따뜻하고 비균질적인 생물 환경에서의 에너지 전달에 유효한지 아닌지가 맞서고 있는 것이다. 최근에는 복합체 내부에서 엑시톤의 보스-아인슈타인 응축$^{(초유체\ 등과\ 관련\ 있는\ 양자역학적\ 통계\ 현상)}$이 엑시톤 에너지 전달에 기여한다는 연구 결과까지 더해져서 앞으로도 광합성 복합체에서의 에너지 전달에 관한 논쟁은 더욱 흥미로워질 전망이다.

양자 결맞음 이외에 양자역학적 상호작용의 특이한 현상 중 대표적인 현상이 양자 얽힘$^{quantum\ entanglement}$이다.

광합성 복합체의 에너지 전달 문제와 양자 얽힘이 직접적으로 연관되어 있는지는 아직 밝혀지지 않았다. 양자 얽힘은 아인슈타인, 보리스 포돌스키[Boris Podolsky, 1896~1966], 네이선 로젠[Nathan Rosen, 1909~1995] 3명의 물리학자가 물리학의 근본 이론으로 양자역학이 유효한지 의문을 제기하기 위해 제안한 사고思考 실험에서 출발한 현상이다. 양자 얽힘의 핵심은 입자들로 이루어진 시스템 전체의 개별 양자 상태는 구성 입자들의 단일 양자 상태들의 특정한 조합으로 이루어지는데, 이때 이 조합식이 입자들 사이의 거리와 무관할 수 있다는 것이다. 즉, 시스템의 구성 요소로서 어떤 입자 A의 상태가 다른 입자 B의 상태와 직접적으로 짝지어져 있어서, 입자 A의 상태가 결정(측정)되면 아무리 멀리 떨어져 있더라도 입자 B의 상태가 즉시 결정된다는 것이다.

반직관적이고 특수상대론을 위배할 것 같은 이러한 상황은 실제로 실험으로 여러 번, 그것도 서로 다른 다양한 방식으로 검증되었다. 양자 얽힘 현상을 실험적으로 검증한 공로로 알랭 아스페[Alain Aspect, 1947~], 존 클라우저[John Clauser, 1942~], 안톤 차일링거[Anton Zeilinger, 1945~] 3명에게 2022년 노벨 물리학상이 수여되었다. 최근에는 양자 얽힘을 실용적으로 활용할 기술이 활발하게 개발되고 있다. 그중에는 인공위성에서 얽힘 상태로 만들어진 2개의 광자를 지상으로 분배해서 지상에서 1,200km 이상 떨어진 두 지점 사이에 양자 얽힘을 구현한 2017년 실험도 있고, 살아 있는 광합성 박테리아와 빛 사이의 얽힘을 구현한 2018년 실험도 있다. 즉, 양자 현상은 기존 생각보다 훨씬 더 일상적이고 생명 활동에 기본적인 현상일 수도 있다는 것이 점점 밝혀지고 있다. 향후 인체의 생명 활동 기작 어딘가에서 양자 얽힘이 중요한 역할을 하고 있다는 것이 밝혀질지도 모를 일이다.

화학의 도전 과제 중 하나는 무한한 양의 친환경 에
너지인 태양에너지를 활용하는 것이다. 태양에너지를 흡
수하여 물과 이산화탄소를 산소와 탄수화물로 전환하는
천연 광합성을 모방할 수 있다면 이 과제의 실마리를 찾
을 수 있다. 이러한 인공 광합성을 개발하기 위해서는 천
연 광합성을 잘 이해하고 각각 필요한 요소를 개발할 필
요가 있다. 먼저 천연 광합성을 하는 식물, 조류algae, 남세
균cyanobacteria 등을 잘 연구해야 한다. 이들은 태양에너지
를 받아 화학에너지로 변환하여 자신의 에너지원으로 사
용한다. 즉, 태양에너지를 사용하여 물을 분해하고
$(2H_2O \rightarrow O_2 + 4H^+ + 4e^-)$, 이산화탄소를 생명체의 중요 에너지원인
탄수화물로 만든다$(6H_2O + 6CO_2 \rightarrow C_6H_{12}O_6 + 6O_2)$. 천연 광합성 첫 단
계에서 물을 산화시키고 전자를 방출하기 위해 효소 광
계II의 활성 자리를 사용한다. 광계II의 산소 방출 중심
Oxygen Evolving Center, OEC 구조는 Mn_4CaO_4이며, 이는 남세균으

로부터 분리한 엑스선회절 연구로 구조가 밝혀졌다. 광계II의 활성 자리 Mn_4CaO_4는 아스파르트산aspartic acid, 글루탐산glutamic acid, 히스티딘histidine과 같은 아미노산 잔기residue를 통해 효소의 단백질 뼈대와 연결되어 있다. 엽록소(클로로필II)는 식물에 함유된 녹색 색소로 빛을 흡수하는 중요한 안테나 역할을 한다.

엽록소에는 엽록소a, 엽록소b, 엽록소c1, 엽록소c2, 엽록소d와 박테리오클로로필a와 b 등 여러 종류가 있다. 공통적으로 포르핀porphine 중앙 동공central cavity 가운데에 마그네슘 이온이 들어 있으며, 200여 개의 엽록소가 모여 하나의 반응 중심 엽록소로 에너지를 전달한다. 이 작용을 화학적 구조 관점에서 간단히 언급하면 엽록소는 단일 결합과 이중 결합이 교대로 반복적으로 결합되어 있는 일종의 공액 고분자conjugated polymer이다. 이들 공액 고분자 내에서는 p 오비탈orbital들이 중첩되어 비편재화된 π-전자 시스템delocalized π-electron system을 생성하여 가시광선 영역의 빛을 흡수할 수 있고 흥미롭고 유용한 광학적·전자적 특성을 보일 수 있다. 엽록소는 청자색을 띠는 400~500nm 파장의 빛과 620~700nm 파장의 황적색

빛을 잘 흡수하지만, 500~600nm 파장의 녹색 빛은 잘 흡수하지 않아서 녹색으로 보인다.

인공 광합성을 위해서는 태양에너지를 흡수하여 전자 전이를 일으켜 물 분해water splitting하는 동시에 이때 생기는 전자로 양성자의 수소 분자 환원에 사용하도록 고안해야 한다. 인공 광합성 연구에서 루테늄 바이피리딘 복합체Ruthenium bipyridin complex, [Ru(bpy)₃]²⁺와 같은 루테늄 2가 착체는 광각 증감 물질photosensitizer로 널리 쓰이며, 다른 전이 금속 착체도 이러한 역할을 할 수 있는 가능성이 연구되고 있다. 루테늄 바이피리딘 복합체는 452nm의 파장을 흡수하여 여기excited 상태종 {[Ru(bpy)₃]²⁺}*으로 변환되어 바닥상태일 때보다 좋은 산화제oxidizing agent 및 환원제reducing agent가 된다. 빛을 받은 루테늄 2가와 3가의 셔틀링shuttling은 물을 산화시키고$(H_2O \rightarrow 2H^+ + 1/2O_2)$, 양성자가 환원된다$(2H^+ \rightarrow H_2)$. 실제로 이 계는 파라콰트paraquat, methyl viologen, [MV]²⁺와 같은 소광제quenching agent의 존재하에서만 가능하다. 소광제ᴬ가 여기 상태종 {[Ru(bpy)₃]²⁺}*으로부터 전자를 받아 환원되었다가ᴬ⁻ 이 전자를 물에 전달하고 자신은 다시 산화되어 본래 상태ᴬ로 돌아간다. 루테늄 촉매가 원래의 산화 상태$^{Ru^{2+}}$로 돌아가도록 전자주개$^{electron\ donor}$도 필요한데, 종종 [EDTA]$^{4-}$가 사용된다.

앞의 인공 광합성이 태양에너지를 이용하여 화학에너지로 변환하는 것이라면, 태양전지는 전기에너지 생산에 초점을 맞춘다. 그러나 둘 다 태양에너지를 다른 에너지로 변환한다는 공통점이 있다. 태양에너지를 잘 흡수하여 다른 형태의 에너지로 전환할 수 있는 성질을 지닌 대표적인 물질은 실리콘^{silicon}, 갈륨비소화물$^{Gallium\ Arsenide,}$ ^{GaAs}, 티타늄디옥사이드^{TiO_2}, 페로브스카이트^{perovskite} 등과 같은 반도체이다. 이 반도체의 전자는 빛을 받아 원자가띠$^{valence\ band}$에서 전도띠$^{conduction\ band}$로 이동하여 들뜬상태가 되며, 이때 전도띠의 전자와 원자가띠의 홀^{hole}, 즉 양전하를 가진 공간이 생긴다. 생성된 전자-홀쌍의 이동은 전류가 되고, 우리는 이 전류를 외부 전기회로에 연결하여 태양에너지를 다른 에너지로 변환해 사용할 수 있다. 이들 반도체 중 티타늄디옥사이드는 인공 광합성의 광촉매로 많이 사용된다.

14

발효

세포호흡

프로바이오틱스

ATP 에너지 수송

화학결합

분자 기계

발효는 산소가 없는 상태에서 탄소화물로부터 에너지를 추출하여 ATP를 생성하는 생화학적 과정을 말한다. 하지만 무산소 상태에서 ATP를 생성하는 생화학적 과정으로 전자전달계를 이용하는 경우는 발효가 아니라 '무산소호흡anaerobic respiration'이라고 한다. 무산소호흡에서는 ATP 생성을 위해 전자전달계를 사용하지만 발효는 그렇지 않다. 우리에게 익숙한 호흡은 폐에서 산소를 받아들이고 이산화탄소를 내보내는 숨쉬기를 말한다. 이와 대비하여 세포호흡은 우리 몸의 체세포가 폐를 통해 들어온 산소를 이용해 탄수화물을 산화시켜 에너지를 얻어 다량의 ATP를 생성하는 물질대사 과정을 말한다.

우리 몸에서 일어나는 세포호흡은 6탄당인 포도당을 쪼개어 탄소 3개로 이루어진 피루브산pyruvic acid을 생성하는 해당 과정glycolysis, 그리고 피루브산의 탄소를 모두 이

275

산화탄소의 형태로 방출하는 피루브산 산화 및 '시트르산 회로citric acid cycle', 마지막으로 앞의 과정들에서 만들어진 NADH와 FADH₂로부터 고에너지 전자를 전자전달계에 넘겨주어 ATP를 대량으로 생성하는 산화적 인산화 과정으로 나눌 수 있다. 전자전달계를 거치면서 전자의 에너지는 단계적으로 낮아지며 최종적으로 가장 낮은 에너지의 전자를 산소 분자가 받아 수소이온과 함께 물 분자를 생성한다. 무산소호흡을 하는 생물에서도 전자전달계가 이용되지만 최종 전자수용체electron acceptor는 산소가 아니라 황산이온이나 질산이온 같은 다른 화학물질이 담당한다.

발효는 무산소 과정이므로 최종 전자수용체인 산소가 없어 전자전달계를 사용하지 않는다. 그렇다면 발효에서는 어떻게 생명체의 에너지 화폐인 ATP를 만들어낼 수 있을까? 세포호흡의 첫 번째 단계인 해당 과정은 발효하는 생물에서도 공통적으로 일어나며 포도당 한 분자당 2개의 ATP가 만들어진다. 그런데 해당 과정glycolysis에서는 2개의 NADH 또한 생성되는데, 전자전달계를 사용하지 못하므로 NADH에 존재하는 고에너지 전자를 제공할 곳이 없다. 이를 해결하기 위한 대표적인 발효 과정이 젖산발효와 에탄올발효다.

젖산발효에서는 해당 과정의 산물인 피루브산이 젖산으로 바뀌면서 NADH가 NAD⁺가 되어 해당 과정에서 다시 사용할 수 있게 된다. 즉, 해당 과정이 지속적으로 ATP를 생산하기 위해서는 NAD⁺가 재생산되어야 한다. 우리 몸의 근육세포는 산소가 충분할 때는 세포호흡으로 ATP를 생산하여 사용하지만, 단거리 달리기 같은 강도 높은 운동을 할 때는 젖산발효를 통해 ATP를 생산하여 사용한다. 사실 세포호흡에서는 포도당 한 분자당 약 30~32개의 ATP가 생성되지만 젖산발효에서는 2개의 ATP만 생성된다. 생성된 ATP 개수를 보면 발효가 불리하다고 생각할 수 있지만, 발효에서는 전자전달계를 사용하지 않으므로 포도당만 충분하다면 단시간에 ATP를 대량생산할 수 있다. 따라서 산소가 부족하고 짧은 시간에 폭발적인 에너지가 필요한 운동에서는 젖산발효가 중요한 역할을 한다. 또한 김치나 된장 같은 전통 발효 식품이나 요거트와 치즈 같은 유제품의 발효에 젖산균$^{lactic\ acid\ bacteria}$들이 사용되어왔다.

젖산발효와 함께 대표적인 발효가 에탄올발효이다. 에탄올발효에서는 피루브산이 에탄올로 바뀌며, 마찬가지로 해당 과정에 필요한 NAD^+를 재생산한다. 그런데 피루브산은 3탄소 화합물이고 에탄올은 2탄소 화합물이므로 이 과정에서 탄소 1개가 이산화탄소로 방출된다. 에탄올발효 과정에서 공기 방울이 보이는 이유는 이산화탄소가 발생하기 때문이다. 에탄올발효는 '진핵 미생물eukaryotic microbe'인 효모에서 일어나며 막걸리, 와인, 맥주 같은 주류를 만들 때와 빵을 만들 때 주로 사용된다.

발효는 이처럼 무산소 상태에서 유기물에서 에너지와 발효 산물을 생성하는 과정이지만, 최근에는 인간에게 유용한 물질을 생산하기 위하여 미생물을 이용하는 산업을 광범위하게 포함하는 의미로 사용하고 있다. 예를 들어 아세트산 발효에서는 아세트산균이 알코올을 아세트산으로 산화시키고 글루콘산gluconic acid 발효에서는 곰팡이가 포도당을 글루콘산으로 산화시키는데 이 과정에서 공기 중의 산소를 사용한다. 어떤 세균은 젖산과 에탄올 같은 발효 산물을 다시 발효하여 에너지를 얻는데 이를 '2차 발효secondary fermentation'라고 한다.

세계보건기구^{WHO}에서는 숙주에 적절한 양을 투여하였을 때 건강에 이로운 살아 있는 미생물을 프로바이오틱스^{probiotics}라고 정의한다. 프로바이오틱스 제품의 대표적 미생물은 락토바실러스^{lactobacillus}와 비피도박테륨^{bifidobacterium}과 같이 젖산발효를 하는 세균들이다. 프로바이오틱스는 면역이 약해 감염에 취약하거나 음식·호흡기 알레르기나 대장염으로 고생하는 사람들에게 도움이 될 수 있다. 프로바이오틱스의 미생물은 숙주 생물의 소화를 도울 수 있으며, 면역 반응 증강, 유해균의 숙주 부착에 대한 경쟁적 저해 및 억제 물질 분비 등으로 인체에 이로움을 줄 수 있다. 프로바이오틱스는 또한 유익한 세균과 유해한 세균의 균형을 회복시켜 장내 미생물상^{microbiota}을 개선할 수 있다. 고대 인도인은 인도식 요거트를 식사 전에 즐기며 프로바이오틱스를 섭취하였다고 한다.

ATP^{(아데노신 삼인산)Adenosine Triphosphate}는 지구 상 거의 모든 생명체 공통의 생화학반응 에너지원으로 사용되는 유기분자이다. 흔히 미토콘드리아에서 당 등을 통해 ATP가 합성된 후 필요한 곳에서 ATP의 에너지를 사용하여 적절한 생화학 작용이 발생하면 ATP는 에너지를 잃는다는 식으로 간략히 이해된다. 때문에 여러 미디어에서 생명 에너지의 기본 배터리 또는 생화학에너지의 기본 화폐 등으로 비유한다. 물리학의 관점에서는 ATP가 에너지를 '이곳'에서 저장하여 '저곳'에서 방출한다는 것을 어떻게 이해할 수 있을까?

물리학에서 다루는 자연의 근본적 현상 중 하나가 '중력' 현상이다. '중력'은 거시적 수준에서 모든 물체는 종류, 크기, 모양, 성질 등을 막론하고 서로 잡아당긴다는 '만유인력'으로 작용한다. 만유인력의 영향을 받는 물체의 운동은 크게 2가지 양상으로 구분할 수 있다. 하나는 물체들의 운동 범위가 한정되는 것이고 다른 하나는 그렇지 않은 것이다. 예를 들어 지구는 태양과의 중력으로 지구 공전궤도라는 한정된 범위의 운동을 하는 반면 보이저 1호와 2호는 태양계를 벗어나 태양계 범위에는 한정되지 않는 운동을 지금도 계속하고 있다(단, 우리 은하 범위에 한정되어 있다). 지구의 공전처럼 공간적 범위가 한정된 상태를 구속 상태bound state라고 한다. 운동 양상에 대한 이러한 구분은 중력 이외의 힘에 대해서도 유효하다. 중력의 영향을 무시할 수 있는 미시적 수준에서는 전자기력 등의 영향 하에서 입자들이 구속 상태와 그렇지 않은 상태를 보인다. 원자 또는 분자 수준의 규모에서 2개 이상의 입자가 구속 상태일 때 이것을 결합bond이라고 부를 수 있다.

전자기력에 의한 구속 상태 문제의 대표적인 사례는 수소 원자라고 할 수 있다. 양전하를 띠는 양성자와 음전하를 띠는 전자 사이의 전기적 인력으로 두 입자가 구속 상태를 유지하는데, 맥스웰의 고전 전자기학에 따르면 이 상태는 사실상 불가능하다. 왜냐하면 양성자 또는 전자가 한정된 범위의 공간 내에서 운동하기 위해서는 반드시 가속도운동(속도의 방향이 바뀌는 것을 포함)을 해야 하는데, 그렇다면 전하를 가진 입자가 가속도운동을 하는 것이 되기 때문이다. 고전 전자기학에 따르면 이때 전자기파가 방출되면서 입자들은 운동에너지를 잃어야 한다. 즉, 양성자와 전자는 에너지를 계속 잃으면서 안정된 구속 상태를 이루지 못하고 충돌하여 핵붕괴 등의 핵반응을 보여야 한다. 물론 양성자와 전자가 에너지를 매우 천천히 잃는다면 겉보기 안정 상태를 오랫동안 유지할 수도 있다. 하지만 고전적 계산에 따르면 원자 붕괴에 걸리는 시간은 심지어 10^{-10}s보다도 짧다. 즉, 고전 전자기학만으로는 물질세계의 안전성을 설명할 수 없고, 수소 원자의 양성자와 전자는 전기적 인력에 의해 구속 상태를 이룬다기보다 전기적 인력에도 불구하고 안정된 구속 상태를 이루고 있다고 봐야 한다.

이러한 이론적 문제들을 극복하는 과정에서 닐스 헨리크 다비드 보어 Niels Henrik David Bohr, 1885~1962와 베르너 카를 하이젠베르크 Werner Karl Heisenberg, 1901~1976 등이 양자화 규칙 quantization rule과 불확정성 원리 uncertainty principle라는 혁명적인 물리학적 발상을 구축하였고 과학계는 양자역학이라는 새로운 패러다임을 받아들였다. 양자역학에서 설명하는 수소 원자의 안정성은 양성자와 전자의 전자기적 인력만으로는 이해할 수 없고 불확정성 원리에 의해 확보되는 바닥상태ground state라는 개념을 통해 비로소 보장된다. 슈뢰딩거의 고양이로 대변되는 불확정성 원리는 언뜻 생각하면 현상의 확실성을 보장하지 않는 불안한 원리 같지만, 사실은 물체들의 안정성을 담당하는 최후의 보루처럼 든든한 버팀목 역할을 하고 있다.

양자역학은 원자의 안정성 문제를 해결했을 뿐만 아니라 나아가서 슈뢰딩거 방정식을 통해 수소 원자 시스템 내부의 에너지가 양자화된 상태quantized state를 가질 수 있음을 보였으며, 이 상태들의 에너지값을 계산하여 실험 데이터와 비교할 수 있게 해주었다. 이것은 양자역학 이전의 뉴턴역학과 맥스웰 전자기학으로서는 달성할 수 없었던 성과로서, 양자적인 효과가 우세해지는 현상에서는 입자들 사이의 힘과 운동이라는 기존의 물리학적 관점보다 입자들 시스템의 에너지와 상태라는 관점이 훨씬 적절함을 의미한다. 또한 양자적 효과는 그동안 주로 미시적인 규모에서만 유의미하다고 여겨져왔으나 반드시 그렇지만은 않다는 실험적 증거들이 오늘날 계속 확인되고 있다.

수소 원자의 안정성을 이론적으로 해결하는 과정에서 도출된 양자화된 구속 상태 개념은 구체적으로 전자의 파동함수로 기술된다. 전자의 파동함수는 전자의 운동이 아니라 전자의 양자적 상태를 기술한다. 양자화된 파동함수는 전자와 양성자가 서로 특정한 상태로서 구속되어 있는 것이 바로 수소 원자임을 시사한다. 그리고 가능한 구속 상태들의 에너지값을 비교해 구속 상태 변화 전후의 수소 원자 시스템 내부의 에너지 변화를 알 수 있다. 수소 원자의 양자화된 상태의 변화는 수소 원자가 방출 또는 흡수하는 빛의 선스펙트럼으로 간접 확인된다. 즉, 수소 원자가 방출하는 특정한 빛은 특정한 양자 상태 변화의 흔적이다. 구속 상태들의 변화 중 가장 극단적인 변화는 바닥상태에서 비구속 상태로 변하는 것이다. 전자와 양성자의 에너지가 가장 낮은 구속 상태에서 이 둘을 개별 입자로 다시 분리하여 서로 비구속 상태로 만드는 데 필요한 에너지를 수소 원자의 이온화 에너지라고 할 수 있다. 불확정성 원리에 근거한 이 구속 상태는 고전적 만유인력에 의한 구속 상태와 크게 다르다. 만유인력의 구속 상태^(예를 들어 공전운동)는 가능한 상태들이 연속적이어서 시스템의 가능한 에너지 역시 연속적이다. 또한 만유인력의 구속 상태에는 바닥상태가 없어서, 물체의 크기를 무시할 때 시스템이 가질 수 있는 에너지가 가장 낮은 상태를 비구속 상태로 만들기 위해서는 무한대의 에너지가 필요하다. 물론 지구 탈출속도, 태양계 탈출속도처럼 두 입자가 떨어진 채로 이루어진 구속 상태에서 비구속 상태로 변할 때 필요한 에너지는 유한하다.

이러한 수소 원자의 양자 상태 관점은 다른 원자들의 안정성과 양자화 상태를 이해하는 데도 그대로 적용할 수 있으며, 나아가 원자들이 결합하여 분자를 이룰 때도 유효하다. 물론 다전자 원자와 분자들의 양자 상태에 대한 파동함수 자체를 계산하는 것은 수소 원자의 경우보다 매우 어려워서 현재도 연구자들의 주요 연구 주제 중 하나이다. 이러한 계산의 어려움에도 불구하고 여전히 원자핵과 전자들이 원자를 이루는 것, 원자들이 분자를 이루는 것, 혹은 그것들의 안전성은 불확정성 원리로 보장되는 시스템의 양자 상태에서 비롯된다는 것이 물질의 안정성에 대한 현재까지의 최선의 설명이다. 운동의 관점과 대비해서 양자 상태의 관점에서는 결합이 이루어지는 중간 과정 또는 구속 상태 변화의 중간 과정을 다루기가 까다롭다. 하지만 반대로, 운동의 관점, 즉 뉴턴역학의 관점으로는 불확정성 원리하에서 가능한 구속 상태가 무엇인지 그리고 그 구속 상태가 가지는 에너지가 무엇인지를 알아낼 수 없다. 시스템의 양자 상태가 가지는 에너지를 구하는 것은 실질적으로도 매우 유용한 정보를 알아내는 일이다. 이것으로부터 시스템의 양자 상태 변화 전과 후의 에너지 변화를 산출할 수 있고, 역으로 시스템의 양자 상태 변화를 인위적으로 유도할 수 있는 단초가 된다.

수소 분자는 구성 입자의 비구속 상태를 기준으로 양성자 2개와 전자 2개로 이루어진 입자이다. 2개의 양전하와 2개의 음전하로 이루어진 시스템의 안정성은 수소 원자의 경우와 마찬가지로 고전 전자기학만으로는 불가능하다. 즉, 수소 분자는 전기적으로 중성인 수소 원자 2개 사이의(전기 쌍극자 유도 등에 의한) 전기적 결합에 의해 유지되지 않으며, 그것의 안정성은 수소 원자처럼 불확정성 원리에 의해 전체로서 보장된다. 이때 수소 분자를 이루는 전자들은 고전적 운동을 하고 있다기보다는 차라리 수소 분자 전체에 걸친 양자 상태에 있는 것에 가깝다. 따라서 이러한 전자들은 수소 분자를 이루기 전 수소 원자 내에서 존재했던 상태와는 질적으로 다른 상태이며, 수소 분자를 이루는 수소 원자로서의 부분적 정체성^{identity}을 수소 분자의 전자들에 과도하게 부여하는 것은 개념적으로 어색한 시도가 될 수 있다. 물론 설명과 논의의 편의상 '수소 분자는 수소 원자 2개가 결합하였다'라고 표현하는 경우가 대부분이지만, 그 이면에는 이처럼 질적으로 다른 양자 상태가 함의되어 있다고 보는 것이 타당하다. 이렇게 원자에서 분자로 전자의 구속 상태가 변할 때, 공간적 정체성이 이전의 구속 상태와 극단적으로 달라지면서 새로운 구속 상태의 인접한 원자핵들 전체에 걸친 양자 상태가 되는 것이 공유결합$^{covalent\ bond}$이다.

분자를 이루는 전자의 정확한 파동함수를 원자핵들과 전자들의 분포에서 직접적으로 구하는 것은 수학적으로 매우 어렵기 때문에 근사를 통해 구하는 방법이 널리 쓰인다. 근사적 접근법은 크게 2가지이다. 하나는 원자가 결합 이론$^{Valence\ Bond\ Theory,\ VBT}$이고 다른 하나는 원자궤도함수 선형결합–분자궤도함수$^{Linear\ Combination\ of\ Atomic\ Orbitals-}$

Molecular Orbitals, LCAO-MO이다. 앞서 언급한 대로 분자를 이룬 후의 전자에 분자 이전의 원자를 이루었을 때의 정체성을 부여하는 것은 개념적으로 무리수일 수도 있다. 그렇지만 VBT와 LCAO-MO 모두 이전의 원자를 이루었을 때의 파동함수를 조합하여 분자에서의 전자의 양자화된 파동함수와 그 양자 상태의 에너지를 근사적으로 구한다. 이 방법들은 원자핵들 사이의 결합 길이와 결합 에너지를 매우 성공적으로 산출하였고, 분자로서 존재하는 것이 개별 원자로 존재하는 것보다 에너지가 더 낮은 상태에 있을 수 있음을 보였다. 이것은 수소 원자들로 존재하는 것보다 수소 분자로 존재하는 것이 에너지 면에서 더 안정하다는 뜻이며, 이러한 계산 결과야말로 화학결합의 존재에 대한 현재로서는 거의 유일한 설명이다. 이 책의 엑스선 이야기에서 등장하는 폴링은 바로 원자가 결합이론을 비롯한 원자궤도함수에 바탕을 둔 화학결합의 이론적 이해에 대한 기여로 1954년 노벨 화학상을 수상하였다.

2개의 원자가 1개의 분자로 변할 때 혹은 결합할 때, 분자를 이루는 전자들은 분자 전체에 걸친 양자 상태를 가지지만 경우에 따라서는 분자를 이루는 2개의 원자핵

중 특정한 하나의 원자핵 쪽으로 대부분 쏠린 양자 상태를 가지기도 한다. 이때의 결합을 이온결합ionic bond이라고 하고 흔히 공유결합과 대비되어 소개된다. 하지만 분자를 이루는 전자들의 양자 상태는 이온결합과 공유결합이 칼로 베듯이 명확하게 구분되지 않는 경우가 많다. 이 경우 하나의 원자핵 쪽으로 얼마나 쏠렸는가 하는 경향성을 상대적으로 이야기할 수밖에 없다. 분자들을 그러한 경향성에 따라 비교 배열한 것 중 대표적인 것으로 안톤 에뒤아르트 판 아르컬Anton Eduard van Arkel, 1893~1976과 얀 아르놀트 알버트 케텔라르Jan Arnold Albert Ketelaar, 1908~2001의 이름에서 따온 판 아르컬-케텔라르 삼각형Van Arkel-Ketelaar triangle이 있다. 결합 삼각형bond triangle의 일종인 이 삼각형의 꼭짓점은 공유결합, 이온결합, 금속결합의 극단적인 경우를 나타내고, 변과 내부는 상대적으로 어떤 결합에 가까운지를 나타낸다. 여기서 금속결합metallic bond은 시료 조각 전체에 걸쳐서 양자 상태를 가지는 전자들(이른바 자유전자)이 존재하는 결합이다. 공유결합으로 이루어진 시료 조각(예를 들어 석영) 전자의 양자 상태가 각각의 인접한 결합쌍에 공간적으로 비교적 한정된다면, 그에 비해 금속결합의 자유전자는 공간적으로 시료 전체에 걸친 양자 상태를 가진다는 것이 두 결합의 차이점이다.

　　원자핵과 전자가 원자나 분자를 이룰 때 전자의 개별적 입자로서의 정체성에 집중하기보다 원자나 분자 전체의 양자 상태를 다루는 것이 유의미하다는 것을 확인하였다. 반면 분자와 분자가 이른바 '결합'하는 경우에는 다전자 원자를 구성하거나 원자 간의 결합으로 분자를 이루는 경우에 비해 개별 구성 분자 자체의 구조적 정체성을 상대적으로 많이 유지한다고 할 수 있다. 서로 결합하는 개별 분자의 크기가 커질수록 이러한 개별 분자 고유의 기하적 구조로서의 정체성이 분자 간 결합 전후로 비교적 잘 유지되고, 따라서 이를 바탕으로 논의를 전개하는 것이 효과적일 때가 있다. 이 경우 분자–분자 결합체 전체에 걸친 전자의 양자 상태를 논하는 것보다 결합이 일어난 국소적 지역에만 집중하여 결합의 특성을 고려하는 것이 실용적이다.

　　결합에 참여하는 개별 분자의 독자적 정체성이 결합 후에도 뚜렷하면 이 결합은 양쪽 모두에 걸친 전자의 양자 상태로서의 결합이라기보다는 떨어져 있는 개별 분자들 사이의 힘으로 이해되기도 한다. 개별 분자 내 전하 분포의 불균일성에서 오는 전기 쌍극자 모멘트에 의한 분자들 사이의 전기적 인력이 이러한 힘의 대표적인 예이다. 하지만 앞의 공유결합 및 이온결합처럼 분자 양쪽 전체에 걸친 전자의 양자 상태로서의 분자 결합과 양쪽 전체에 걸친 전자의 양자 상태 없이 단순히 떨어진 분자들 사이의 전기적 인력에 의한 분자 결합을 칼로 베듯이 명확히 구분하기 어려운 경우도 있다.

분자와 분자 사이 결합의 대표적인 예는 수소결합이다. 수소결합은 고등학교 수준의 화학에서는 수소가 결합된 분자 내 전하의 불균일성에 의해 수소 쪽 지역에 양전하 분포가 생겼을 때 다른 분자의 음전하 분포 지역과 전기적 인력에 의해 구속이 형성되는 정도로 설명된다. 현상적 측면에서 수소결합은 원자 간의 공유결합보다 결합 정도가 약하기 때문에 분자 간 힘으로서 분류되는 편이지만 대부분의 다른 분자 간 힘^(예를 들어 분자 전기 쌍극자 사이의 힘)에 비해서는 강하다고 알려져 있다. 하지만 수소결합이 경우에 따라서는 수소 원자핵^(즉, 양성자)을 두고 양쪽 분자에 걸친 전자의 양자 상태로 인한 결과에 가깝다는 내용이 연구되고 있다. 즉, 개별 분자로 구분된 분자 사이의 전기적 인력이라기보다 분자와 분자 사이의 공유결합적 성격을 띤다는 것이다. 2021년에는 수용액의 $[HF_2]^-$ 바이플루오라이드 이온^{bifluoride ion}이 가운데 H 원자핵을 사이에 두고 양쪽의 F가 모두 공유결합에 가까운 양상으로 결합하는 경우도 있음이 분광법 측정과 이론적 시뮬레이션으로 확인되었다.

수소결합이라는 방식에 대한 발상은, 논쟁의 여지가 있지만, 모리스 로열 허긴스^{Maurice Loyal Huggins, 1897~1981}가 플루오린화수소 분자의 이합체^{dimer} 형성과 관련하여 1919년경 제안했다고 알려져 있다. '수소결합'이라는 명칭은 길버트 루이스가 1923년 출간한《원자와 분자의 원자가와 구조^{Valence and the Structure of Atoms and Molecules}》에 처음 등장하였다. 하지만 루이스 스스로는 수소결합의 초기 발상에 다소 회의적이었다고 전해진다. 이후 여러 연구자의 연구 대상이 된 수소결합은 현대 화학의 바이블로도 불리는 폴링의 1939년 저서《화학결합의 본질^{The Nature of the Chemical Bond and the Structure of Molecules and Crystals}》을 계기로 완전히 받아들여졌다. 자신의 책이 결정적인 계기가 되었지만 폴링도 한동안은 수소결합이 오로지 정전기적 현상인지 아니면 이온결합과 공유결합의 화학적 공명(폴링이 벤젠 분자의 결합을 설명할 수 있었던 바로 그 공명 개념) 상태인지를 고민하였다.

　　화학 교과서의 루이스 전자점식 Lewis electron dot structures 으로 유명한 루이스는 공유결합 개념의 발견자로 인정받고 있다. 원자가 전자, 결합 전자쌍의 개념 등을 통해 원자가 결합 이론에 크게 공헌한 그는 1922년에서 1946년까지 노벨 화학상에 41번이나 추천되었지만 끝내 수상하지는 못했다. 참고로 노벨상 추천 여부는 추천된 이후 50년이 지나서 공개된다. 1926년 학술지 〈네이처 Nature〉에 보낸 편지에서 '광자photon'라는 명칭을 처음으로 제안한 인물도 루이스이다. 당시 루이스가 제안한 '광자'라는 명칭에 대응한 개념은 아인슈타인이 광전효과를 설명하기 위해 제안한 입자로서의 빛 개념과는 차이가 있었지만 현재로서는 이 용어가 아인슈타인의 개념에 대응하는 용어로 정착되었다. 아인슈타인 본인이 제안했던 용어는 '광양자light quantum, 독일어 lichtquant'였다.

　　수소결합 이야기로 돌아가자. 수소결합을 하는 분자

들은 분자와 분자 사이의 결합으로 인해 자신들끼리 뭉치려는 거시적 양상을 보인다. 대표적인 예가 물의 응집력과 표면장력 그리고 점성이다. 또한 반대로 수소결합은 극단적인 공유결합과는 다르기 때문에 분자들이 개별성을 상당히 유지하는 측면이 있고, 따라서 분자들의 수소결합 덩어리가 비교적 쉽게 부분들로 분리되는 모습도 보인다. 하지만 거시적 응집력이나 표면장력을 보인다고 해서 반드시 분자들 사이에 수소결합이 있는 것은 아니다. 액체 수은은 응집력과 표면장력을 모두 보이지만 이 현상은 수은 원자들 사이의 금속결합 때문이다.

DNA 염기^{nucleobase} 사이의 결합도 수소결합이다. 아데닌^{A}과 타이민$^{(티민)T}$ 사이에는 2개의 수소결합이 있고, 구아닌^{G}과 사이토신^C 사이에는 3개의 수소결합이 있다. 이러한 수소결합 개수의 차이로 A-T로 짝지어진 뉴클레오타이드의 당 사이의 거리는 약 1.11nm$^{(1.11 \times 10^{-9}m)}$, G-C로 짝지어진 뉴클레오타이드의 당 사이의 거리는 약 1.08nm$^{(1.08 \times 10^{-9}m)}$로 A-T 짝과 G-C 짝의 당 사이의 거리 차이가 0.03nm 수준 정도이며 G-C가 A-T보다 살짝 짧다. 만약 다른 방식의 짝을 형성한다면 거리 차이가 더 커져서

DNA를 이루는 2가닥의 폴리뉴클레오타이드polynucleotide가 평행하게 연결되기보다 울퉁불퉁하게 연결될 가능성이 있다.

  DNA 이중나선 구조가 염기 사이의 수소결합만으로 유지되는 것은 아니다. 수소결합은 공유결합에 비해 결합력이 약하다. 즉, 2가닥의 폴리뉴클레오타이드가 수소결합만으로 평행하게 연결된 채 있다면 마치 지퍼가 중간에 열린 채로 있듯이 여기저기의 염기 결합이 끊어진 채로 있을 가능성이 높다. 이렇게 부분적으로 결합이 끊어진 곳에 세포핵 안의 다른 분자들이 얼마든지 와서 수소결합 등을 이룰 수 있다. 그렇지만 이를 막기 위해, 지퍼를 단단하게 잠그듯이 염기 사이의 결합을 더 강하게 만들기 위해서, 염기가 공유결합으로 연결되어 있었다면 DNA의 사용 목적을 잃어버리는 결과를 낳을 수도 있다. 왜냐하면 만약 염기가 공유결합으로 연결되어 있는데 DNA 정보 전사나 복제를 위해 염기 결합을 끊는다면, 공유결합은 수소결합에 비해 끊는 것 자체도 더 어렵지만, 결합의 성격에서 염기 내부의 공유결합 혹은 염기와 당 사이의 공유결합과의 뚜렷한 구분이 불분명해져서 엉뚱

한 지점이 끊길 가능성이 높아지기 때문이다. 이때 정확한 지점의 공유결합을 끊기 위해 보다 복잡한 과정이 필요해질 수 있다. 즉, 염기 결합의 세기가 약하면 2가닥의 폴리뉴클레오타이드가 서로 깔끔하게 붙들고 있기 어렵고, 그렇다고 해서 염기 결합의 세기가 강하면 정보를 읽어내기 위해 이것을 끊어내는 작업에 오류가 발생할 가능성이 높아지는 자기 모순적 상황에 놓인다.

DNA 이중나선 구조는 매우 절묘한 방식으로 이러한 진퇴양난의 과제를 해결한다. 핵산 분자의 가장 기본적인 단위 구조인 뉴클레오타이드는 구조적으로 크게 5탄당five-carbon sugar molecule, 염기nucleobase, 인산기phosphate group 세 부분의 공유결합으로 이루어진다. 인산기는 5탄당을 사이에 두고 염기 반대편에 결합되어 있다. 염기는 5탄당의 1′ 말단1-prime end 위치에서, 인산기는 5탄당의 5′ 말단5-prime end 위치에서 5탄당과 공유결합하는데, 인산기는 자신이 결합하고 있는 5탄당 외에도 바로 인접한 5탄당의 3′ 말단3-prime end과도 공유결합한다! 이 결합을 인산다이에스테르 결합phosphodiester bond이라고 한다. 즉, 인산기의 양쪽 공유결합을 통해서 폴리뉴클레오타이드 1가닥이 개별

뉴클레오타이드들로 산산조각 나지 않고 유지된다. 여기에 더해서 이 1가닥이 가지는 인접한 5탄당들의 나열이 5′→3′ 방향성 5-prime to 3-prime direction 으로 차례대로 연결되기 때문에 5탄당들은 가지런하지 않고 상대적으로 틀어져서 연결된다. 5탄당들이 틀어져 연결되어 있는 각각의 폴리뉴클레오타이드 2가닥이 염기를 마주보고 수소결합으로 엮이면 자연스럽게 서로 꼬이면서 이중나선의 물리적 구조를 형성한다. 인산기의 공유결합으로부터 비롯된 폴리뉴클레오타이드 2가닥의 물리적 꼬임은 염기 사이의 수소결합을 역학적으로 보완한다. 즉, DNA는 공유결합과 수소결합의 오케스트라를 통해 안정성과 기능성이란 2마리 토끼를 모두 잡은 셈이다.

　　물론 부분적으로 염기 배열 정보를 전사하거나 복제하기 위해서는 DNA 구조를 유지하는 여러 결합의 아름다운 균형을 재조정하여 이중나선을 부분적으로 풀어야 한다. 앞서 정리한 DNA 이중나선의 결합 구조에 비추어 생각해보면 이중나선을 부분적으로 푸는 작업에는 염기 사이의 수소결합을 끊는 작업, 염기가 열리는 시작점과 닫히는 끝점의 꼬임 돌림힘의 긴장을 해소하는 작업, 새로운 가닥을 구성할 뉴클레오타이드들을 공유결합으로 이어지게 하는 작업 등이 필요할 것이다. 생화학^{biochemistry}과 생물물리학^{biophysics}에서는 이처럼 화학결합 수준에서 생체분자들의 미시적인 작동 방식을 더욱 정확하고 정밀하게 규명하는 일을 실험 및 이론적 과제로 삼아 연구하고 있다.

DNA의 구조를 분석하면서 몇 가지 공유결합에 관해 이야기하였다. 하나의 뉴클레오타이드 내에서 5탄당과 인산기, 5탄당과 염기가 이루는 결합, 그리고 1개의 인산기가 2개의 5탄당과 이어져 뉴클레오타이드를 연결하는 인산다이에스테르 결합이 그것이다. 이상의 공유결합을 이야기할 때 결합 이후 생성된 분자를 결합 이전 개별 분자들의 기하적 조립처럼 기술하는 것이 매우 자연스러움을 알 수 있었다. 이는 원자와 원자, 원자와 분자사이의 공유결합에 비해 분자와 분자 사이의 공유결합에서는 결합 이전의 개별 분자들 각각의 정체성이 결합 이후 하나로서의 분자를 바라볼 때도 실용적인 가이드가 됨을 시사한다.

생체분자들의 공유결합까지 알아봤으니 서두에 언급한 생명체 내에서의 에너지 수송에 관한 ATP의 역할을 살펴볼 준비를 마쳤다. ATP의 A는 DNA와 RNA에서 염기 A(아데닌)adenine의 역할을 하는 부분이다. 5탄당(리보오스)ribose의 1′ 말단에 A 염기가 공유결합되어 있고, 5′ 말단에 인산기 1개가 공유결합되어 있는 것이 AMP(아데노신 일인산)adenosine monophosphate로 RNA를 구성하는 바로 그 뉴클레오타이드이다. 여기서 리보오스 5탄당에서 산소 원자 하나가 없는 것을 디옥시리보오스deoxyribose라고 한다. AMP와 마찬가지로 디옥시리보오스의 1′ 말단에 A 염기가 공유결합되고 5′ 말단에 인산기 1개가 공유결합될 수 있는데 이것이 바로 DNA를 구성하는 디옥시리보뉴클레오타이드deoxyribonucleotide, 그중에서도 dAMP(디옥시아데노신 일인산)deoxyadenosine monophosphate이다. 용어 구성에서 예측할 수 있듯이 CMP(사이티딘 일인산)cytidine monophosphate, GMP(구아노신 일인산)guanosine monophosphate, UMP(유리딘 일인산)uridine monophosphate, dTMP(디옥시타이미딘 일인산)deoxythymidine monophosphate 모두 존재한다. AMP의 인산기에 인산기 1개가 더 직렬로 공유결합된 것을 ADP(아데노신 이인산)adenosine diphosphate, AMP의 인산기에 인산기 2개가 더 직렬로 공유결합된 것을 ATP라고 한다. 즉, ATP는 총 3개의 인산기를 가지고서 RNA의 구조체로 쓰일 때는 AMP로 활약하고 에너지 전달 등에 쓰일 때는 ATP, ADP, AMP로 활약하는 분자이다.

ATP가 생화학반응에 필요한 에너지를 공급한다는 말은 결합 측면에서 이해할 수 있다. 결론부터 이야기하면 흔히 ATP를 사용하는 생화학반응에서는 ATP가 반응물로 참여하여 최종적으로 ADP 또는 AMP로 남으면서 다른 최종 생성물이 새로운 공유결합을 이룬다. 이때 생성물에 형성된 공유결합이 처음의 ATP 인산기 사이의 공유결합보다 안정하기 때문에 이것을 결합 에너지의 관점에서 보면 ATP의 결합 에너지를 사용하여 새로운 생성물의 결합을 구성했다고 이야기할 수 있다.

예를 들어 mRNA의 정보에 맞추어 아미노산을 배열하는 번역translation 작업을 위해서는 적절한 아미노산이 mRNA로 운반되어야 하는데, 이 작업을 tRNA가 담당한다. 당연히 손 같은 것이 있을 리 없는 tRNA는 아미노산과 공유결합(에스터 결합)ester bond하여 아미노산을 자신에게 붙여서 목적지로 운반한다. tRNA가 아미노산과 결합하는 과정에서 ATP가 사용된다. 대략적인 과정은 다음과 같다. 아미노산이 ATP와 먼저 공유결합하면서 아미노아실-AMP를 만들고^(이때 무기 피로인산염inorganic pyrophosphate이 방출된다) 아미노아실-AMP가 다시 tRNA와 반응하여 최종 아미노아실-tRNA가 형성되고 AMP는 분리되어 나온다. 이때 처음 ATP 인산기 사이의 공유결합보다 아미노아실-tRNA 사이의 공유결합이 더 안정하다. 이 전체 과정을 뭉뚱그려서 미디어에서는 'ATP 인산기의 결합이 끊어지면서 나오는 에너지를 이용하여 아미노산과 tRNA가 결합한다'라는 방식으로 축약해 소개하기도 한다. 하지만 이처럼 축약된 설명에서 주의해야 할 것은 공유결합이 끊어진다고 해서 순수한 에너지가 나오지는 않는다는 점이다.

아마도 독자는 이 과정에 관해 부가적 의문이 생길 것이다. 아미노아실-tRNA 결합이 안정하다면 왜 처음부터 아미노산과 tRNA가 바로 결합하지 않을까? 여기에는 여러 가지 측면에서 답할 수 있다. 만약 아미노아실-tRNA 결합이 ATP가 관여하지 않아도 가능한 자발적 반응이었다면 아마도 거의 모든 tRNA는 아미노산이 붙어 있는 상태로만 존재할 것이고, 그럼 tRNA의 다른 역할을 제한할 가능성이 있다. 그리고 tRNA를 만들거나 tRNA에서 아미노산을 떼어내는 작업이 상당한 방해를 받을 수도 있다.

또 다른 질문은 'ATP의 에너지를 사용하였다지만, 어쨌든 ATP의 인산기 공유결합을 끊는 작업, 아미노아실-AMP 공유결합에서 AMP를 끊는 작업 등의 공유결합을 끊는 작업이 필요한데 이것은 자발적으로 발생하는가?'이다. 당연히 ATP의 인산기 공유결합은 자발적으로 끊어지지 않는다. 만약 그렇다면 ATP 상태로 존재하지 못할 것이다. ATP의 인산기 공유결합을 끊기 위해서도 에너지가 필요하고, 이 때문에 ATP의 인산기 공유결합이 고에너지 결합이라는 표현은 주의해서 이해해야 한다. 여러 분자 이곳저곳의 결합이 끊어지고 붙는 번거로운 작업은 대개 분자들이 세포질을 떠다니면서 저절로 발생하는 것이 아니라 효소를 매개로 효소에 결합한 채로 이루어진다. 아미노아실-tRNA 결합도 아미노아실 tRNA 합성 효소aminoacyl tRNA synthetase에 아미노산, ATP, tRNA가 결합해서 이루어지는데, 이 특징적인 작업을 위해 효소 단백질의 물리적 3차원 구조가 중요하다.

아미노아실-tRNA 공유결합 역시 mRNA의 번역 작업에서 필연적으로 끊어져야 하고, 아미노산은 인접한 아미노산과 새로운 공유결합(펩타이드 결합)peptide bond을 형성하면서 최종적으로 단백질을 구축한다. 이 번역 작업은 아미노아실-tRNA 생성 작업보다 더욱 번거로운 중간 작업들이 필요하기 때문에 효소 단백질 수준보다 규모가 큰 장치인 세포 소기관 리보솜ribosome에 관련 분자들이 결합하여 이루어진다. 리보솜을 거치지 않고 펩타이드를 형성하는 비리보솜 펩타이드non ribosome peptides도 균류 등에 존재한다. 리보솜에서의 번역 과정에는 GTP(구아노신 삼인산)guanosine triphosphate가 결합하여 에너지 측면에서 과정을 돕는다.

생체분자들의 복잡한 대사 경로metabolic pathway에는 분자들 사이의 결합 형성만큼이나 결합 분리가 빈번하게 발생하는데, 에너지 전달이라는 측면에서는 이 분리가 매우 중요하다. 예를 들어 ATP의 인산기 결합에 저장된 에너지를 사용한다고 표현할 때 이는 ATP 인산기 사이의 결합이 끊어짐을 전제로 한다. 따라서 에너지 전달을 위해서는 결합이 끊어지기 위한 메커니즘이 필요하다. ATP의 경우 ATP의 인산기 사이의 공유결합이 물 분자와의 반응을 통한 가수분해^{hydrolysis}로 끊어지면서 ADP가 된다. ATP의 경우 외에도 생체분자들의 공유결합을 끊을 때 가수분해가 많이 활용되는데, 대표적으로 단백질을 이루는 아미노산들의 펩타이드 결합을 끊는 과정에서도 가수분해가 관여한다. ATP는 온몸의 대사 경로에서 끊임없이 사용되는 일종의 단기적 에너지 저장체이다. 그 많은 ATP의 결합을 계속 끊으려면 가수분해 반응이 수없이 일어나야 한다고 보면 물이 인체의 약 70%나 차지한다는 것이 부분적으로 수긍된다. ATP보다 장기적으로 에너지를 저장하는 방식은 당이나 지방의 결합을 활용한다.

그렇다면 이렇게 중요한 ATP는 어디서 어떻게 공급받는지가 궁금해진다. 진핵생물 대부분은 미토콘드리아가 ATP 합성을 담당한다. 식물은 미토콘드리아뿐만 아니라 엽록체에서도 빛을 이용하여 ATP를 합성할 수 있다. 미토콘드리아에서의 ATP 합성 작업은 매우 복잡하고, 여기에는 여러 산화·환원 반응이 수반된다. ATP 합성의 초반 작업이라고 할 수 있는 해당 과정^{glycolysis}에서 음식물로 섭취한 포도당을 분해하는 에너지 투자기^{preparatory phase} 단계에서는 오히려 ATP가 사용되기도 한다. 해당 과정의 에너지 회수기^{pay-off phase} 단계에서 ATP가 생성되며 전체적으로 ATP는 순 생산된다. 당연히 해당 과정에는 분자들의 결합을 끊고 연결하는 여러 단계의 과정이 필요하기 때문에 저절로 발생하는 것이 아니라 10여 가지 효소 단백질이 관여하여 가능해진다. 해당 과정은 사실 대부분 미토콘드리아 바깥의 세포질에서 발생한다. 해당 과정이 ATP를 순 생산한다면 미토콘드리아는 무슨 역할을 할까? 미토콘드리아는 해당 과정의 생성물로부터 후속 과정들을 통해 ATP를 합성하는데, 해당 과정이 생산하는 양보다 10배 이상 많다. 따라서 미토콘드리아가 있고 없고의 차이에 따라 같은 당을 섭취하고도 세포의 활동성이 10배 이상 달라질 수 있다. 이 효율적인 과정 역시 저절로 일어나지 않고, 필요한 분자들이 미토콘드리아 내부에 있는 단백질에 결합하여 발생한다. 미토콘드리아가 퇴화한 생물들은 발효 과정을 이용하여 ATP를 합성하는데, 발효는 세포질에서도 일어날 수 있다. ATP 생성 효율을 보았을 때 미토콘드리아가 퇴화한 생물들은 미토콘드리아를 활용하는 생물에 비해 에너지 축적이나 에너지 소모 측면의 활동성이 낮을 것으로 예상할 수 있다. 에너지 드링크에는 미토콘드리아의 ATP 합성에 직접적으로

305

관여하는 시트르산^{(구연산)citric acid}이나 간접적인 영향을 주는 카르니틴^{carnitine}이 함유되기도 한다.

미토콘드리아 내막에 있는 ATP 합성 효소^(ATP 생성 효소) ATP synthase가 작동하는 방식에는 재미있는 점이 있는데, 이 효소를 이루는 거대 분자가 물리적으로 회전한다는 점이다. ATP 합성 효소는 구조적으로 크게 2부분으로 나뉜다. 미토콘드리아 내막에 일체형으로 위치하는 F_o 부분과, F_o에 연결되어 내막에서 미토콘드리아 안쪽으로 튀어나와 있는 F_1 부분이다. F_o와 F_1은 물리적 회전이 가능한데, 둘을 이어주는 구동축 같은 부위를 γ^{gamma} 소단위 subunit라고 한다. 수소이온^(양성자)이 미토콘드리아 외막과 내막 사이의 막 간^{intermembrane} 공간에서 미토콘드리아 내부로 F_o를 거쳐 이동하면서 F_o가 회전하면 일종의 유효 돌림힘 torque^(크기 약 수십 pN·nm)이 γ 소단위를 F_1 내부에서 회전시킨다. F_1에서는 ATP 합성이 일어나는데, F_1에 수소결합 등으로 임시적으로 부착된 ADP에 인산기가 결합되어 ATP가 되면 F_1에서 떨어져서 미토콘드리아 안쪽으로 풀려난다. 이때 γ 소단위는 스텝 모터^{step motor, stepping motor, stepper motor}처럼 F_1 내부에서 120° 단위로 돌아가면서 F_1 부분에서 일어나는 합성 과정에 관여한다. 실험실 환경에서 F_1 부분은 ATP 합성과는 역으로 ATP의 가수분해 등의 과정을 통해 ADP를 만들 수도 있다. 이때는 γ 소단위와 F_1의 상대적 회전 방향이 ATP를 합성하는 과정과 반대다. 에너지 측면에서 볼 때 이는 ATP의 에너지를 소모하여 F_1 고분자를 물리적으로 회전시킨 결과로 볼 수 있다. 즉, 분자 모터molecular motor와 쓰임새가 같다.

    F_0나 F_1 같은 회전형 분자 모터rotary molecular motors는 ATP 등이 생체 내부의 생화학반응에서 쓰이는 용도를 넘어서 생체 자체의 외부적 운동성을 어떻게 제공할 수 있는지에 대한 가능성을 시사한다. 대장균Escherichia coli, E. coli 등의 세균은 편모flagellum, flagella를 움직여서 개체 운동을 한다. 편모의 시작점은 세균의 내부 세포막에 여러 단백질과 구조적으로 맞물려 고정되어 있다. 이 단백질 구조물Mot complex은 세포막을 통과하는 양성자 흐름(일부 세균들은 Na+ 이온의 흐름)으로부터 회전하고, 결과적으로 편모의 시작점이 회전하면서 편모를 휘두른다. 고균(고세균)archaea의 편모는 세균과는 다르게 이온의 흐름이 아니라 ATP를 ADP로 분해하며, 편모 구동부의 단백질들이 회전한다. 편모의 분자 모터 구조의 회

전은 개체의 추진을 위한 것으로, 회전 구조가 ATP 합성 효소의 F_o나 F_1보다 훨씬 복합적이다.

이상을 종합하면 '이곳'에서 형성된 분자들의 미시적인 양자역학적 결합이 '저곳'의 반응에 참여하여 끊어짐으로써 생체 내부의 생화학적 에너지 전달의 수단이 되고 나아가 개체의 고전역학적 외부 활동성까지 제공하는 방법이 된다.

한편 펩타이드 결합으로 생합성된 단백질에 의한 생체분자 모터에 대비되는, 실험실에서 화학적으로 만든 합성 분자 모터synthetic molecular motor도 연구되고 있다. 합성 분자 모터 제작의 난관 중 하나는 모터 분자의 부분을 회전시켰을 때 이것이 다시 반대로 회전하여 원래의 위치로 복귀하는 일 없이 어떻게 회전운동의 각 단계를 하나의 회전 방향성으로 순환cycle시킬 것인지에 있다. 베르나르트 뤼카스 페링하Bernard Lucas Feringa, 1951~와 연구진은 한 방향성의 회전을 유지하는 분자를 합성하고 그 순환을 빛과 온도로 조절하는 방법을 찾아서 1999년 학술지〈네이처〉에 발표하였다. 이 회전운동은 ATP 합성 분자나 편모 구동부의 회전 속력에 비해서 매우 느리지만, 소설 속에서나 가능했을 물리적으로 구동하는 인조 분자 모터를 현실화했다는 점에서 혁신적인 진전이었다. 2005년에는 미국 라이스대학교 연구진이 4개의 풀러렌fullerene 바퀴wheel가 달린 나노 자동차nanocar를 합성하여(이 자동차는 각 부분이 화학적으로 결합한 하나의 고분자이다) 4개의 바퀴가 금Au(111) 표면 위에서 (미끄러지는 것이 아니라) 구르는 운동을 하는 것을 확인하였다. 이 나노 자동차는 비록 외부의 탐침probe이 당기는 힘으로 움직였지만, 과학자들은 페링하의 방식을 응용하여 빛으로 구동하는 나노 기계를 만들기 위해 연구하고 있다. 앞의 방식과는 결이 조금 다르지만, 고리ring 모양 분자들이 열쇠고리처럼 물리적으로 결속된 상태를 합성한다거나 아령 모양의 분자가 고리 모양 분자를 물리적으로 통과한 상태를 합성하여 이 분자들이 거대 기계 부품의 축소판처럼 기계적으로 따로따로 운동할 수 있도록 해서 나노 기계를 구현하려는 접근도 있다. 2016년 노벨 화학상은 분자 기계 합성에 대한 공로로 장피에르 소바주Jean-Pierre Sauvage, 1944~, 제임스 프레이저 스토더트Sir James Fraser Stoddart, 1942~, 페링하 3명에게 수여되었다.

나노 분자 기계

장피에르 소바주는 2개 이상의 고리 형태 분자가 맞물린 화합물인 카테난catenanes 등의 초분자supramolecule를 오랫동안 연구하며 분자 인식, 자기 조립, 호스트-게스트 화학에 기여해왔다. 소바주 그룹은 카테난을 금속과 리간드의 배위결합 성질을 이용하여 서로 맞물린 구조interlocked structure가 되도록 설계하고 합성하는 것에 그치지 않고 빛과 화학에너지 등으로 자극하여 회전하는 구동까지 보여주었다. 예를 들어 카테난의 중앙에 위치한 구리 금속이온의 산화 및 환원을 전기화학적으로 조절하여 맞물린 분자가 이동하도록 하였다. 또 다른 노벨상 수상자 제임스 프레이저 스토더트 경은 나노 분자 셔틀을 합성하고 이들의 움직임을 광화학적photochemical 또는 전기화학적electrochemical으로 조절하였다. 이들 중 가장 유명한 것은 로탁세인rotaxane이다. 이것의 구조를 보면 속 빈 호박처럼 생긴 쿠커비투릴^{Cucurbituril, CB} 분자가 긴 사슬 분자^{chain molecule}를 양끝 쪽에서 감고 있다. 한편 베르나르트 뤼카스 페링하는 3nm 크기의 4륜구동 나노 자동차를 선보였다. 이 나노 자동차는 자외선을 조사하면 모터 분자가 빛 에너지를 흡수하여 구조 변화를 일으켜 회전운동으로 전환하도록 설계되었다. 특정 바퀴의 회전 속도를 조절하여 방향까지 전환하며 복잡한 환경에서도 조절할 수 있는 구동 능력을 보여준다. 이러한 발견은 나노 분자 수준에서 에너지를 받아 기계적 동작으로 변환할 수 있는지를 깊이 이해하게 하여 앞으로 약물 전달, 치료제 개발, 환경 촉매 등 현대 과학의 발전에 혁신적으로 기여할 것으로 예상된다.

15

디옥시리보핵산 Deoxyribonucleic Acid, DNA
소수성 상호작용 hydrophobic interaction
파이-파이 스태킹 π-π stacking

생명 복제 cloning
무성생식 asexual reproduction
이분법 binary fission
유사분열 mitosis
유성생식 sexual reproduction
감수분열 meiosis
영양기관 vegetative organ
식물 조직 배양 plant tissue culture
체세포 핵 치환 somatic cell nuclear transfer
생식 복제 reproductive cloning
치료용 복제 therapeutic cloning
인간 배아 줄기세포 human embryonic stem cell
성체 줄기세포 adult stem cell
골수 줄기세포 bone marrow stem cell
면역 거부 immune rejection
주 조직 적합성 단백질 복합체 Major Histocompatibility Complex, MHC
유도 만능 줄기세포 induced Pluripotential Stem Cell, iPSC

정보 information
양자 정보 quantum information
복제 불가능성 정리 no-cloning theorem
비트 bit
큐비트 qubit
EPR 역설 Einstein Podolsky Rosen paradox
스핀 단일항 spin singlet
양자 중첩 quantum superposition

생명 복제는 원래의 생명체와 동일하고 새로운 개체를 만들어내는 것을 의미한다. 이를 화학적 관점에서 이해하기 위해서는 DNA 복제를 살펴볼 필요가 있다. DNA는 생명과학적으로 매우 중요한 분자로 유전정보의 저장과 전달에 관한 역할을 한다. DNA는 디옥시리보핵산 Deoxyribonucleic Acid이라는 분자로 구성되어 있다. DNA의 이중 나선 구조를 자세히 보면 2가닥의 나선 고분자를 구성하는 특정 염기들의 상호작용으로 구성되며 1개의 나선 구조는 아데닌Adenine, 타이민(티민)Thymine, 구아닌Guanine, 사이토신 Cytosine 염기들이 공유결합하여 이루어진다. 이들 염기는 각각 A, T, G, C로 나타낸다. 이 염기들이 특정한 순서로 선형적으로 배열되며 생물의 유전정보를 나타낸다.

이 나선 고분자 염기들은 다른 가닥의 나선 고분자와 수소결합한다. 이때 아데닌과 타이민(A-T), 그리고 구아닌

315

과 사이토신(G-C)은 각각 수소결합을 형성하여 염기쌍을 만든다. 아데닌과 타이민은 2개의 수소결합으로 연결되며 구아닌과 사이토신은 3개의 수소결합으로 쌍을 이룬다. 즉, 타이민의 산소가 아데닌의 수소와 상호작용하고, 타이민의 수소가 아데닌의 질소와 상호작용한다. 또한 사이토신의 수소와 구아닌의 산소가 상호작용하고 사이토신의 질소와 구아닌의 수소, 그리고 한 번 더 사이토신의 ^(앞서와 다른) 수소와 구아닌의 ^(앞서와 다른) 산소가 상호작용한다. 따라서 수소결합 수가 적은 아데닌과 타이민 결합(A-T)이 구아닌과 사이토신 결합(G-C)보다 약하다. 이러한 상보적 수소결합과 더불어 염기 간 소수성 상호작용^{hydrophobic interaction}, 즉 파이-파이 스태킹^{π-π stacking} 상호작용이 DNA 분자의 안정성을 높여주는 중요한 역할을 한다.

DNA의 복제 과정에도 앞에서 설명한 수소결합 기반의 염기의 상호작용이 중요하므로, 복제를 결합의 관점에서 설명하려 한다. 복제란 염기쌍을 이루는 수소결합이 깨지면서 DNA의 이중나선이 풀리고, 풀려서 노출된 DNA 각 조각 내 염기들의 상보 결합(A-T, G-C)으로 인해 추가적인 2개의 이중나선을 만드는 과정이다. 수소결합

수가 적은 아데닌-타이민 상보 결합은 주요한 이중나선 분리의 원인을 제공할 수 있다. 복제원점origin of replication이라고 불리는 특정한 지점에는 아데닌-타이민 결합이 상당한 비율로 존재하며, 이 지점은 쉽게 부풀어져 기포bubble가 되고 결국은 이중나선을 쉽게 벌어지게 한다. 물론 이뿐만 아니라 다양한 DNA 복제 효소와 프라이머가 DNA 복제에 참여한다. 전형적인 원핵생물은 복제원점이 하나인 것에 반해 진핵생물에서는 복제원점이라고 불리는 특정한 지점이 여러 군데 생기며, 생겨난 기포들이 복제의 후기 단계에 결국 합쳐지고 새로운 염기와의 결합이 완료되면 2개의 완전한 DNA 이중나선이 생성된다.

　　DNA 복제는 반보존적 복제 방식semiconservative replication을 따르는데, 이 모델을 증명하는 결정적인 실험은 1958년에 매슈 스탠리 메셀슨Matthew Stanley Meselson, 1930~과 프랭클린 윌리엄 스탈Franklin William Stahl, 1929~이 질량수가 다른 질소 동위원소(N-14, N-15)를 이용하여 증명하였다. 대장균E.Coli을 무거운 질소 동위원소인 N-15가 함유된 배지에서 여러 세대 동안 자라게 배양하여 새로 만들어진 퓨린과 피리미딘 핵산염기들을 포함한 모든 질소 화합물을 N-15로 표지시킨다. 이후 다시 N-14가 포함된 배지로 이동시켜 성장하게 한다. 1세대 후에 N-14:N-15의 50:50 혼성체가 관찰되었으며, 2세대가 지난 후에는 혼성체가 50%, 나머지 절반은 정상적인 질소 동위원소 N-14 DNA가 됨이 확인되었다. 이 결과를 통해 DNA의 반보존적 복제 모델의 이론적 예측을 실험으로 확인하였다.

이렇게 복제된 DNA를 나누어 2개의 동일한 유전정보를 가진 세포로 분리하는 과정이 세포분열이다. 세포분열은 일반적으로 2가지 방식인 감수분열과 유사분열이 있다. 감수분열은 생식세포에서 새로운 생명체를 형성한다. 유사분열은 체세포에서 발생하는 분열로, 성장, 발달, 조직 재생 등을 위해 필요한 세포의 증식과 교체를 담당한다.

생명 복제^{cloning}란 어떤 생물 한 개체와 유전적으로 동일한 새로운 개체들을 만들어내는 것을 말한다. 생명 복제라고 하면 많은 사람이 1996년 탄생한 복제양 돌리를 떠올릴 것이다. 그만큼 당시에는 매우 충격적인 뉴스였다. 하지만 생명 복제는 무성생식^{asexual reproduction}하는 생물들에서 이미 존재하던 자연적 방식이다. 세포핵이 없는 원핵생물인 세균은 이분법^{binary fission}을 통해 1개의 모세포가 2개의 딸세포로 나누어진다. 이 과정에서 세균의 유전물질인 DNA도 복제된 후 2개의 딸세포로 반반씩 나뉘어 들어간다. 즉, 세균 한 개체가 이분법이라는 자연적 과정을 통해 유전적으로 동일한 두 개체의 세균이 된다. 세포핵이 있는 진핵생물에서도 생명 복제 현상을 찾아볼 수 있다. 이른바 무성생식하는 생명체들이 대표적이다. 원생생물 아메바는 우리가 중등 교과서에서 배운 유사분열^{mitosis} 과정을 통해 1개의 세포가 2개의 세포가 된다. 염색체 DNA와 세포질의 분리가 동시에 일어나는 세균의 이분법과 달리 유사분열에서는 세포핵이 먼저 나누어지고 이어서 세포질이 분리된다. 유사분열을 통해 아메바 모세포 1개가 유전적으로 동일한 2개의 딸세포 아메바를 만들어낸다.

세균이나 아메바처럼 세포 1개로 이루어진 단세포생물이 아닌 다세포생물은 생명 복제를 하지 않을까? 다세포생물은 주로 유성생식 sexual reproduction 과정을 통해 유전적으로 서로 다른 자손을 만들어낸다. 유성생식을 위해서는 이른바 부모의 정소 testes 와 난소 ovaries 에 존재하는 생식세포 germ cell 가 감수분열 meiosis 과정을 통해 먼저 정자와 난자를 만들고 이들 정자와 난자가 수정하여 수정란 fertilized egg 이 된다. 수정란은 유사분열을 통해 다수의 세포를 생성하고 발달 및 분화하여 자손 생물 개체를 만들어낸다. 자손 생물은 유전적으로 부모와 다르며, 일란성 쌍생아가 아닌 한 자손들끼리도 서로 다르다. 그 이유는 감수분열을 통해 유전적으로 다양한 정자와 난자가 만들어질 수 있고, 또한 정자와 난자의 수정 과정이 무작위로 이루어지기 때문이다. 따라서 이론적으로 1쌍의 부모가 수억 명의 자손을 낳는다고 해도 이들 자손은 모두 서로 다를 수 있다.

그렇다면 다세포생물에서는 자연적인 생명 복제가 없는 것인가? 그렇지 않다. 식물은 동물과 마찬가지로 유성생식을 하지만 무성생식으로도 번식할 수 있다. 대표적인 예가 식물의 꺾꽂이이다. 식물의 영양기관vegetative organ인 줄기나 잎을 잘라내어 흙에 심으면 모체인 식물과 유전적으로 동일한 자손 식물을 얻을 수 있다. 식물 조직 배양plant tissue culture은 이러한 특징을 이용한 기술로, 난처럼 경제적으로 가치 있는 식물을 대량 번식하는 데 사용되기도 한다. 동물의 무성생식은 드물지만 불가사리의 경우 신체가 2개로 절단되면 각각의 부위가 온전한 개체를 다시 만들어내는 무성생식을 할 수 있다.

따라서 생명 복제란 자연계에 이미 존재하던 현상이라는 점을 알 수 있다. 그렇다면 1996년 복제양 돌리의 탄생에서 시작된 인위적 방법을 통한 생명 복제에 대해 알아보자. 앞에서 언급했듯이 다세포생물의 생명 복제 예시는 매우 제한적이다. 그렇다면 복제양 돌리는 어떻게 태어날 수 있었을까? 연구진은 먼저 복제양 돌리의 원본에 해당하는 양 A의 체세포인 유선 세포로부터 세포핵을 추출하였다. 그리고 암양 B로부터 난자를 꺼내고 난자에 존재하는 세포핵을 제거한 후, 양 A로부터 얻은 세포핵을 미세 조작기micromanipulator를 이용하여 난자에 다시 집어넣었다. 이를 '체세포 핵 치환somatic cell nuclear transfer' 기술이라고 한다. 이렇게 얻은 2배체의 세포를 배양하면 세포분열을 통해 배아를 형성하는데, 이 배아를 대리모 양 C의 자궁에 착상시켜 탄생한 것이 복제양 돌리이다. 복제양 돌리는 양 A의 세포핵을 받았으므로 핵 DNA가 동일하다. 하지만 세포질의 미토콘드리아에도 DNA가 있는데, 세포질의 미토콘드리아는 난자를 제공한 양 B에게 받았으므로 복제양 돌리가 양 A와 모든 면에서 유전적으로 동일하다고 보기는 어려울 것이다. 돌리가 탄생한 이후 체세포 핵 치환 기술을 통해 돼지, 고양이, 개뿐만 아니라 원숭이 등의 생명 복제가 성공하였다.

그렇다면 동물 복제는 어디에 활용할 수 있을까? 먼저 축산업에서 매우 우량한 가축을 복제하여 대량생산할 수 있다. 유성생식의 특성상 자손은 부모는 물론 다른 형제자매와도 유전적으로 다를 수밖에 없으므로 자손에게 우량 형질이 그대로 나타날지는 알 수 없다. 따라서 우량 가축의 유전형질을 그대로 복사하기 위해서는 무성생식과 유사한 체세포 핵 치환 기술을 통한 생명 복제가 큰 도움이 된다. 또한 체세포 핵 치환 기술은 멸종 위기종의 개체 수를 늘리는 데도 도움이 될 수 있다. 이미 멸종한 매머드를 복제하기 위해 시베리아 영구동토에 묻혀 있는 매머드 사체의 체세포를 이용하는 방법도 시도되고 있다. 이 외에도 생물학 연구에서 유전적으로 동일한 개체들을 대상으로 수행된 실험은 매우 큰 장점이 있으며 신뢰할 수 있는 데이터를 확보할 수 있게 해준다.

그렇다면 인간 복제 배아는 생명 복제와 어떤 관련이 있으며 왜 시도하게 되었을까? 인간 복제 배아는 이름에서도 알 수 있듯이 인간 개체를 복제하는 것은 아니다. 지금까지 언급한 동물 복제 사례는 생식 복제reproductive cloning라고 부르고 인간 복제 배아는 치료용 복제therapeutic cloning라고 부르며 구분한다. 즉, 인간 복제 배아의 목적은 생명체를 복사하여 만들어내는 것이 아니라 '인간 배아 줄기세포human embryonic stem cell'를 얻는 데 있다. 배아 줄기세포는 분

화 과정에서 모든 종류의 체세포가 될 수 있는 잠재 능력
이 있다. 이에 반해 우리 몸에서 발견되는 성체 줄기세포
adult stem cell는 몇 가지 유형의 세포로 분화될 수는 있지만 모
든 종류의 체세포가 될 수는 없어 활용이 제한적이다. 예
를 들어 '골수에 존재하는 줄기세포bone marrow stem cell'는 적
혈구red blood cell와 백혈구white blood cell 같은 혈액에 존재하는
세포 타입으로만 분화될 수 있다. 따라서 배아 줄기세포
를 얻어야만 환자가 필요로 하는 다양한 장기나 세포 조
직을 만들어낼 수 있었다.

그렇다면 줄기세포 또한 암세포처럼 무제한적으로
분열하므로 한번 얻은 인간 배아 줄기세포를 계속 배양
해서 사용하면 되지 않을까? 우리의 몸은 내 몸과 내 몸
이 아닌 것을 구분하는 능력이 있다. 외부로부터 아무 장
기나 조직이 내 몸에 이식되는 것을 허락하지는 않는다.
즉, 인체에는 면역 거부immune rejection 기전이 있다. 장기이
식에서 이러한 문제를 최소화하기 위해서는 장기 공여자
와 장기 수혜자 사이의 면역 거부 현상에 중요한 역할을
하는 '주 조직 적합성 단백질 복합체Major Histocompatibility Complex,
MHC' 유전자들이 최대한 동일한 사람들 사이에 장기이식

을 실시해야 한다. 따라서 배아 줄기세포를 이용하고자 한다면 환자 본인 체세포의 세포핵을 이용하여 배아 줄기세포를 얻어야 하며, 환자마다 체세포 핵 치환 기술을 통해 새로운 인간 복제 배아embryo를 만들어내야 하는 문제점이 있다. 이 과정에서 수많은 인간 난자의 희생이 필요하다. 이러한 점 때문에 인간 복제 배아에 대한 연구가 한때 각광받았지만 윤리적 측면에서 큰 논쟁이 되기도 하였다.

인간 복제 배아에 대한 찬반이 팽팽하던 중에 나온 새로운 돌파구가 바로 '유도 만능 줄기세포induced Pluripotential Stem Cell, iPSC'이다. 유도 만능 줄기세포는 마찬가지로 사람의 체세포를 이용하지만, 중요한 것은 난자가 필요하지 않다는 것이다. 외부에서 사람의 체세포에 3~4가지의 특정 단백질을 넣거나 유전자를 인위적으로 발현시키면 체세포가 역분화dedifferentiation 과정을 통해 만능의 줄기세포로 되돌아간다는 것을 일본의 야마나카, 신야Shinya Yamanaka, 1962~ 박사가 2006년에 최초로 발견하였다. 그는 이 공로로 2012년 노벨 생리학·의학상을 받았다. 이제 환자의 체세포로 iPSC를 얻고 이를 이용해 필요한 장기나 세포 조직을 만들 수 있는 길이 열린 셈이다. 물론 iPSC가 있다고 해서 모든 장기나 세포 조직을 만들 수 있는 기술이 당장 확립되는 것은 아니지만 iPSC는 기존 체세포 핵 치환 기술을 이용한 인간 배아 줄기세포를 얻는 방법에 비해 많은 문제점을 해결했다고 볼 수 있다.

  현대인의 삶은 물질적 소비^{consumption}의 그물망으로 얽혀 있다고 해도 과언이 아니다. 신형 스마트폰, 신형 전기차, 각종 패션 신상품 등이 매일 쏟아지고, 이 물건들은 소비자에게 새롭고 더 나은 편리함을 제공하며 내가 그것을 가졌다는 소유욕을 충족해주고 있다. 과학자의 눈으로 이러한 소비를 바라보면 사람들이 향유하고 가지는 것은 물질 자체라기보다는 정보에 가깝다고 할 수 있다. 예를 들어 주기율표를 닮은, 작은 칸막이가 있는 커다란 상자를 준비해서 신형 스마트폰을 구성하는 화학 원소들과 종류와 양이 똑같도록 원소별로 각 칸에 물질을 담아서 판매한다고 해보자. 구성 물질만 보면 이 상자는 신형 스마트폰과 완전히 동일하지만 신형 스마트폰과 같은 가격으로 살 사람은 없을 것이다. 즉, 우리가 소비하는 것은 물질들의 배열과 조합이 주는 새로운 기능, 새로운 감각적 경험, 혹은 새로움 그 자체에 차라리 가깝다.

이렇게 '물질' 질료 자체보다 서로 다른 물질의 '구분과 배열'이 지니는 가치를 정보의 가치라고 부를 수 있다. 물론 이것은 물질 배열의 '새로운 기능성'이 지닌 가치와 연관이 있지만 이 글에서는 '배열' 자체에 집중해보자. 물건을 넘어서 생명체의 가치도 '물질'보다는 '정보'의 가치와 더 밀접하다고 할 수 있다. 생물 개체의 개별성과 공통성의 근원이라고 할 수 있는 유전자의 중요성은 염기, 당, 인산으로 이루어진 염색사의 고분자 덩어리로서의 가치가 아니라 그 염기 배열이 담고 있는 정보^(와 그 기능)에서 온다. 반대로 염기, 당, 인산 구조의 물리화학적 구조의 중요성은 유전자 정보를 안정적으로 유지하고 그 정보가 반복적으로 생화학적 기능에 사용되도록 한다는 데 있다. 이러한 맥락에서 세포분열 과정에서 복제의 본질은 '물질' 복제라기보다 '정보' 복제에 가깝다고 하겠다.

컴퓨터에 저장된 문서 파일을 USB로 복제하는 것은 디지털 정보를 복제하는 것으로, 원리적으로는 주어진 0과 1의 중복순열과 똑같은 중복순열을 하나 더 만든다는 의미다. 중복순열이 동일하다면 그것을 적절하게 해석한 결과는 완전히 동일하다. 소프트웨어 회사가 새로운 프

328

로그램을 출시했을 때 구매 고객들이 모두 같은 프로그램을 설치할 수 있는 이유도 구매한 디지털 정보가 동일하기 때문이다. 전자메일로 문서나 사진을 발송하는 것도 디지털 정보 관점에서는 0과 1의 중복순열을 전송하는 것이다. 만약 전송 과정에서 제3자가 0과 1의 중복순열을 전체 또는 부분 복제할 수 있다면 전송 정보가 유출되었다고 볼 수 있다. 물론 이때 0과 1의 배열을 사람이 이해할 수 있는 의미로 바꾸어줄 해석 규칙^(알고리즘)이 필요한데, 이것을 모르면 단순히 복제한 배열은 사실상 무용지물에 가깝다. 따라서 이러한 해석 규칙의 설정과 보안은 암호 기술과 밀접하게 연관되어 있다. 최근 전 세계적으로 주목받고 있는 양자 정보과학은 물리적 양자 상태를 이용한 정보 구성을 연구하는 분야다. 이 방법은 양자 상태의 복제가 불가능하다는 복제 불가능성 정리^{no-cloning theorem}로 인해 기존의 정보 저장 및 전송보다 제3자의 개입으로부터 훨씬 안전하다고 알려져 있다.

현재의 디지털 정보 기술은 0 또는 1을 다루는 자릿수로서 1비트^{bit}를 단위로 하여 정보를 구성한다. 1비트의 물리적 구현 방식은 다양하다. 동전의 앞뒷면, 자석의 NS

와 SN 배열, 축전기에 전하가 있고 없고 등 2가지의 구분 가능한 물리적 상태를 가지는 것이라면 무엇이든 1비트를 저장하는 매체가 될 수 있다. 컴퓨터의 DRAM, USB, SSD는 전하 저장의 유무를 이용하고, HDD는 자석의 배열을 이용한 디지털 정보 저장 장치이다. 비트는 물리적으로 확연히 구분되는 2가지 상태에 기반하기 때문에 이 물리적 상태의 배열을 다른 장치에 그대로 따라서 배열하면 바로 디지털 정보 복제가 된다. 이처럼 확연히 구분되는 2가지 물리적 상태(편의상 하나는 0 상태, 다른 하나는 1 상태라고 부르자)에 기반한 디지털 정보를 고전 정보라고 한다.

한편 고전 정보에 대비하여 양자 정보는 정보의 단위로 큐비트qubit를 사용한다. 큐비트의 가장 큰 특징은 슈뢰딩거Erwin Rudolf Josef Alexander Schrödinger, 1887~1961의 고양이처럼 물리적 상태가 0과 1의 양자 중첩 상태를 가질 수 있다는 것이다. 즉, 1큐비트는 0 상태와 1 상태의 양자 중첩을 다루는 단위이다. 따라서 1큐비트의 물리적 구현을 위해서는 2가지 물리적 상태의 양자 중첩이 가능한 어떤 것이어야만 한다. 전자의 스핀spin(스핀 '업up' 상태와 '다운down' 상태, 더 정확히는 z-업up과 z-다운down), 광자의 편광(수직 편광과 수평 편광) 등이 양자 중첩이 가능한 대표적 사례이다. 이 방식들을 포함한 다양한 구현 방식에 대한 연구가 양자 정보과학의 큰 주제 중 하나이다. 만약 기술과 비용 측면에서 효율적으로 1큐비트를 구현한다면 양자 정보과학기술의 주도권을 가져갈 가능성이 높기 때문이다. 그렇다면 양자 정보의 큐비트는 고전 정보의 비트에 비해 어떠한 장점이 있는가? 비약적인 정보처리량 증가 등의 정보과학적 장점이 있지만 여기서는 복제 불가능성 정리와 관련된 물리학적 측면을 살펴보자.

복제 불가능성 정리를 이해하기 위해서는 양자 얽힘과 불확정성 원리를 간략히 살펴볼 필요가 있다. 양자 얽힘은 두 입자가 하나의 양자역학적 시스템으로 엮여서 한 입자의 상태와 다른 입자의 상태가 서로 독립적이지 않은 것을 말한다. 그리고 양자 얽힘으로 이루어진 시스템의 입자들이 각자의 양자 중첩 상태에 있을 수 있는데, 이 경우 한 입자의 상태가 측정 등의 조작을 통해서 결정되면 다른 입자의 상태가 즉시 결정된다. 두 입자가 아무리 멀리 떨어져 있어도 발생하는 이 현상은 빛보다 빠른 어떤 원격작용이 있어야 가능해 보인다. 아인슈타인이 양자역학의 물리학으로서의 완전성을 비판할 때 지적했던 점이 바로 이것이며, 이른바 EPR 역설^{Einstein, Podolsky, Rosen paradox}이라고 불린다.

양자 얽힘은 1980년대에 실험적 사실로 밝혀졌고, 2022년에는 그 업적에 대해 노벨 물리학상까지 수여된 이른바 과학적 검증을 마친 현상이다. 따라서 '그렇다면 양자 얽힘을 이용한 초광속 정보 전달이 가능한가?'에 대한 당연한 질문이 발생한다. 여러 연구가 진행되었지만 현재까지는 양자 얽힘을 이용하더라도 정보의 전달은 빛보다 빠를 수 없다고 알려져 있다. 그 원인은 여러 가지지만 간략히 말하면 송신자의 능동적 조작이 시스템의 양자 얽힘을 깨트린다는 점과, 더 본질적으로는 양자 얽힘은 두 입자가 스위치처럼 연결되어 있는 것이 아니라 두 입자의 상태가 서로 강한 상관성을 가진다는 것에 가깝다는 점 때문이다.

어쨌든 양자 얽힘 덕분에 공간적으로 멀리 떨어진 입자들의 상태가 상관성을 지닌다는 것은 여전히 사실이다. 예를 들어 전자 1개의 스핀을 이용하여 1큐비트를 구현하였다고 할 때 전자 2개를 양자 얽힘 상태로 만든다.

더 정확히는 스핀 단일항^{spin singlet} 상태가 되도록 양자 얽힘을 만든다. 이후 하나의 전자^(큐비트 A)는 지구의 실험실에 두고 다른 하나의 전자^(큐비트 B)는 우주선에 실어서 수십억 광년 떨어진 곳까지 이동한다. 물론 중간 과정에서 두 전자의 양자 얽힘이 깨지지 않도록 외부의 간섭을 최소화해서 보관할 필요가 있다. 이렇게 서로 수십억 광년 떨어진 후 지구에 남겨진 큐비트 A의 상태를 측정하여 0이 나왔다면, 수십억 광년 떨어진 큐비트 B의 상태는 1로 즉시 결정된다. 반대로 큐비트 A의 상태를 측정하여 1이 나왔다면, 큐비트 B의 상태는 0으로 즉시 결정된다.

다음으로 큐비트와 관련된 불확정성 원리를 간략히 살펴보자. 불확정성 원리는 입자의 위치와 운동량이 같이 ^(무한한 정확도로) 정확히 결정될 수는 없고, 하나의 물리량의 정확도와 다른 물리량의 정확도가 반비례한다는 원리이다. 그런데 불확정성 원리를 따르는 물리량은 위치와 운동량만 있는 것은 아니다. 만약 전자의 스핀을 이용하여 큐비트를 구현한다면 크게 3가지의 방향성을 염두에 둘 수 있다. x 방향으로의 스핀 업과 다운, y 방향으로의 스핀 업과 다운, z 방향으로의 스핀 업과 다운이다. 따라서 스핀을 이용한 큐비트는 x 방향성으로 0과 1의 양자 중첩 상태, y 방향성으로 0과 1의 양자 중첩 상태, z 방향성으로 0과 1의 양자 중첩 상태를 활용할 수 있다. 그런데 x·y·z 방향의 스핀 상태는 서로 불확정성 원리로 연관되어 있다. 마치 위치와 운동량이 불확정성으로 연관되어 그러하듯이 x 방향의 스핀 상태가 하나로 정확히 결정되면 y 방향과 z 방향의 스핀 상태는 전혀 결정되지 않게 된다. 즉, 큐비트의 x 방향성의 값이 0 또는 1로 결정되면 y 방향성의 값과 z 방향성의 값은 각각 0과 1의 양자 중첩 상태가 된다. 따라서 전자 스핀의 x·y·z 방향성을 3개의 독립된 방향성으로 활용할 수 없고, 전자 1개를 3큐비트로 사용할 수 없다.

정리하면, 전자 1개의 스핀 상태를 이용하여 1큐비트를 구현한다. 1큐비트는 0과 1의 양자 중첩에 대응한다. 큐비트의 상태를 x, y, z 중 하나의 방향성을 선택하여 측정(0 또는 1로 결정)할 수 있다. 이때 측정되지 않은 방향성은 0과 1의 양자 중첩 상태에 놓인다. 이러한 전자 1쌍을 양자 얽힘 상태(스핀 단일항 상태)로 만들어 2개의 큐비트가 양자 얽힘으로 연관되도록 할 수 있다. 이제 복제 불가능성 정리를 이해하기 위한 최소한의 준비가 되었다.

복제 불가능성 정리에 대한 이해를 돕기 위해 다음과 같은 사고 실험을 구성해보자. 앞에서 정리한 대로 전자 큐비트 쌍을 만들어서 하나(큐비트 A)는 지구의 실험실에 두고 다른 하나(큐비트 B)는 우주선에 실어서 수십억 광년 떨어진 곳까지 이동한다. 이때 큐비트 A는 x·y·z 방향성에 상관없이 모두 0과 1의 양자 중첩 상태였다고 하자. 그리고 우주선에는 큐비트의 상태를 완벽히 복제할 수 있는 양자 복제 장치가 설치되어 있다고 하자. 이제 지구에서 큐비트 A의 x 방향성값을 측정하여 그 결괏값이 0으로 나온 것을 확인하였다. 다음으로 우주선에서 큐비트 B의 값을 측정하지 않고 큐비트 B의 상태를 미리 준비해둔 충분히 많은 수의 제3의 다른 큐비트에 정확히 복제한다. 이때 복제하는 시점은 큐비트 A의 측정이 끝나고 큐비트 B의 측정을 시작하기 이전이다. 측정하고 복제하는 시점은 우주선이 출발하기 전에 미리 약속해둘 수 있다. 이제 우주선에서는 복제본 큐비트들의 값을 측정하여 지구에서 어느 방향성의 큐비트값을 측정했는지 알 수 있다. 왜냐하면 큐비트 B를 포함하여 큐비트 B의 복제본들은 x 방향성값은 1로 결정되었지만 y 방향성과 z 방향성값은 0과 1의 양자 중첩 상태가 되었기 때문이다. 우주선에서

335

큐비트 B 복제본들의 x 방향성값은 항상 1로 확정적으로 측정되지만, y 방향성값과 z 방향성값은 각각 0과 1이 5:5로 측정된다. 즉, 지구에서 x 방향성으로 큐비트값을 측정하였다는 것을 우주선에서, 복제와 측정에 기술적 시간이 걸린다고 하더라도, 빛으로 통신하면 걸렸을 시간인 수십억 년보다는 훨씬 짧은 시간 안에 알 수 있다.

만약 양자 복제 장치가 없었다면 우주선에서는 오직 큐비트 B 하나의 값을 단 한 번 측정할 수밖에 없고 그 결과가 어떠한 방향성을 선택해서 어떠한 값이 나오더라도 지구에서 큐비트 A를 어느 방향으로 측정했는지 알 방법이 없다. 큐비트 B의 값이 올바른 방향성의 큐비트 A값의 결정으로부터 정해진 것인지, 혹은 다른 방향성의 양자 중첩에서 선택된 것인지 알 수 없기 때문이다. 부연하면, 큐비트의 값을 한 번만 측정할 수 있는 이유는 큐비트의 값이 어떤 특정한 값으로 결정되는 순간 결정되기 이전의 양자 중첩으로 되돌릴 수 없기 때문이다. 최소한 현재까지는 그렇게 알려져 있고, 만약 되돌릴 수 있게 된다면 실질적으로 양자 복제 장치를 만든 것과 유사할 것이다.

만약 양자 복제 장치가 있다면 멀리 떨어진 곳에서 어느 방향성으로 큐비트를 측정했는지 비교적 짧은 시간 안에 알 수 있다는 것을 확인했다. 이제 이러한 양자 얽힘 큐비트 N 쌍을 만들어서 앞의 실험을 반복한다. 지구에 남은 큐비트를 q1, q2, q3, ⋯, qN이라고 하고 그 각각에 대응하는 우주선에 실려 있는 큐비트를 q1′, q2′, q3′, ⋯, qN′이라고 하자. qn은 qn′과 양자 얽힘 쌍이다. 미리 약속한 시간에 지구에서 q1, q2, q3, ⋯, qN을 차례대로 측정한다. 예를 들어 q1은 x 방향, q2는 x 방향, q3은 y 방향 등으로 측정했다고 하자. 그 후 우주선에서는 q1′, q2′, q3′, ⋯, qN′ 각각을 양자 복제 장치로 충분한 수만큼 복제하여 복제본의 x·y·z 방향성값을 여러 번 측정한다. 이 결과로부터 우주선에서는 지구에서 q1, q2, q3, ⋯, qN의 측정이 어느 방향으로 되었는지 알 수 있다. 이 방향성을 나열하면 xxyxzyz⋯ 같은 일종의 3진법에 대응하는 문자열이 나오고, 미리 약속해둔 해석 규칙에 따라 이 문자열을 해석하면 드디어 '의미'를 가지게 된다.

수신자 입장에서 큐비트의 복제와 측정 과정에 시간이 걸린다고 하더라도 이 작업은 수십억 년보다 짧을 수 있고, 그렇다면 수십억 광년 떨어진 거리에 빛보다 빠르게 정보를 전달한 것이다. 즉, 양자 얽힘이 적용된 N 쌍의 큐비트, 양자 복제 기계, 측정 기계, 문자열 해석 규칙, 측정을 실시할 시간 약속 등의 사전 작업이 필요하지만 일단 사전 작업이 완료된 후에는 초광속超光速 통신이 가능하다는 의미다. 이러한 통신 방식을 구현하기 위한 핵심은 양자 복제 장치이다. 하지만 이미 독자들도 눈치챘겠지만 불행히도 이러한 양자 복제 장치는 불가능하다. 이상의 사고 실험에 함축된 양자 상태 복제 불가능성 정리를 요약하면 다음과 같다.

"0 상태와 1 상태 각각을 완전히 복제할 수 있는 양자 기계가 있다 하더라도 그 기계로 0 상태와 1 상태의 임의의 양자 중첩 상태를 완전히 복제하는 것은 불가능하다."

한편 복제 불가능성 정리는 개별 0 상태와 1 상태 각각을 완전히 복제하는 것까지 금지하지는 않는다. 즉, 고전 정보의 복제는 여전히 허용한다.

여기서 독자는 앞의 사고 실험에 의문을 제기할 수 있다. 큐비트 B를 복제하는 시점은 큐비트 A 측정이 완료되어 큐비트 B의 상태가 0 또는 1로 결정된 이후가 아닌가? 그렇다면 큐비트 B의 완전한 복제는 복제 불가능성 정리와 무관한 것 아닌가? 이 질문의 답은 '아니요'다. 큐비트 A의 x 방향성 측정이 완료되었다면 큐비트 B의 x 방향성값은 결정되는 것이 맞다. 그래서 큐비트 B를 복제할 때 x 방향성을 기준으로 복제한다면 원본과 동일한 복제본이 생성되고, 복제본의 x·y·z 방향성값을 여러 번 측정하여 큐비트 A가 x 방향으로 측정되었다는 결론을 내릴 수 있을 것이다. 여기까지만 보면 성공적인 것 같다. 하지만 수신자는 큐비트 A의 측정 방향성을 모르기 때문에 큐비트 B를 y와 z 방향성을 기준으로도 복제해야 한다. 그렇다면 큐비트 A가 x 방향으로 측정된 후 큐비트 B를 복제할 때 y 방향성으로 복제하여 복제본의 값을 측정한다면 어떻게 될까? 놀랍게도 그리고 실망스럽게도 수신자는 큐비트 A가 y 방향으로 측정되었다고 틀린 결론을 내릴 수밖에 없게 된다. 이것을 정확히 이해하기 위해서는 양자역학의 수학적 구조를 논의할 필요가 있으므로 여기서는 깊이 다루지 않겠지만, 수학적 논의의 결과만 이야기하면 양자 복제 장치, 큐비트 B, 큐비트 B의 복제본들이 모두 양자 얽힘 상태가 되어 복제본의 y 방향성값이 0 또는 1 가운데 하나만 측정된다는 것이다. 결론적으로 수신자는 어떤 방향성으로 큐비트 B를 복제하든 간에 큐비트 A의 측정 방향성과 무관하게 수신자 자신이 복제한 방향성으로 송신자가 측정하였다고 산출할 수밖에 없고, 유의미한 통신은 불가능하게 된다.

혹시 무언가 이러한 한계를 피할 방법이 있을 것 같다고 생각하는 독자를 위해 조언하자면, 이 글에서 제시한 설명에는 많은 것^(특히 수학적으로 엄밀한 내용들)이 독자의 편의를 위해서 의도적으로 생략되어 있다. 만약 매우 뛰어난 사고 실험을 찾은 것 같다면 반드시 수학적으로 오류가 없는지 확인해보길 권한다. 여기서 수학은 산술 과정을 의미하는 것이 아니라 양자역학의 수학적 구조를 의미한다. 물론 저자는 개념적 사고 실험을 매우 적극적으로 권장하지만, 개념적 전개만으로 도출한 결과가 나중에 엄밀하게 검증해보니 오류를 품고 있었다는 등의 실수는 전공 연구자들도 종종 저지르기 때문이다.

또한 양자 복제 불가능성을 동일한 양자 중첩 상태가 존재할 수 없다는 뜻으로 오해해서는 안 된다. 단순한 예로 x 방향성이 1 상태로 측정된 큐비트들은 y 방향성^{(또}^{는 z 방향성)}의 0 상태와 1 상태가 5:5로서 양자 중첩이 되어 모두 서로 동일한 상태에 있다.

복제 불가능성 정리에 실망한 독자에게 약간의 희망을 주자면 임의의 양자 중첩 상태를 완전히 복제하는 것은 불가능하지만 부분적 복제는 가능하다고 알려져 있다. 복제 장치의 정확도는 복제하고자 하는 양자 중첩 상태에 따라 다르고 복제 장치의 설정에 따라서 다르지만, 보편적 양자 복제 장치는 양자 중첩 상태를 부분적으로 복제한다. 여기서 복제의 정확도는 복제하려는 물리적 상황마다 다르지만 한곗값이 있다. 과학자들은 이러한 부분적 복제를 활용할 수 있는 방법도 연구하고 있다.

이제 복제 불가능성 정리가 정보 보안에 도움이 된다는 점은 이해할 수 있을 것이다. 통신을 위하여 송신자가 수신자에게 큐비트를 물리적으로 직접 보낸다고 했을 때 중간의 제3자가 큐비트를 탈취하여 복사한 후 탈취한 사실을 숨기기 위하여 수신자에게 원본을 보내더라도 제3자는 큐비트의 완벽한 복제본을 얻을 수 없다. 동일한 부분적 복제본을 충분히 많이 만들 수만 있다면 원본의 양자 중첩 상태를 유추할 수도 있겠지만, 복제본을 만들수록 원본의 양자 중첩 상태는 계속해서 원래의 것과는 다른 무언가가 되어버린다.

이처럼 양자 정보는 복제를 시도하면 원본의 양자 중첩 상태가 원래의 상태와 달라진다는 점에 더해서 고전 정보보다 보안에 유리한 점이 있다. 바로 제3자가 중간에 큐비트를 복제하면 제3자의 복제 장치와 원본 큐비트가 양자 얽힘으로 연관된다는 사실이다. 즉, 수신자 입장에서 송신자 외의 누군가가 큐비트와 양자 얽힘되어 있음을 알 수 있고, 정보가 노출되었음을 파악할 수 있다.

양자 정보의 이러한 보안적 측면의 강점을 일찍 깨달은 스티븐 위즈너Stephen J. Wiesner, 1942~2021는 복제의 위험에 노출되어 있는 고전적 현찰에 대비되는 양자 머니quantum money 개념을 1960년대 말에 제안하였다. 위즈너는 양자 정보이론의 선구자 중 한 사람으로, 1960년대 말 논문 게재가 거절되었던 그의 연구는 학계에서만 알려져 있다가 1980년대 초에 정식 게재되었다. 지금은 그의 업적이 시대를 매우 앞서간 연구로 인정받고 있다. 양자 머니는 블록체인과는 개념이 다르다. 양자 정보이론의 태동기에 학계에서 복제 불가능성을 암시적으로 알고 있었다는 견해도 있지만, 명시적 수학으로 복제 불가능성 정리를 보인 인물은 1970년 관련 논문을 발표한 제임스 파크[James L. Park, 1940~2023]이다. 이후 약 12년간 그 중요성이 크게 주목받지 못하고 잊혔다가 1982년 보이치에흐 후베르트 주레크[Wojciech Hubert Zurek, 1951~], 윌리엄 빌 켄트 우터스[William "Bill" Kent Wootters, 1951~], 데니스 헤이르트 베르나르뒤스 요한 딕스[Dennis Geert Bernardus Johan Dieks, 1949~] 등이 정리를 재발견했다. 하지만 이 연구도 큰 반향을 얻지 못하였고 다시 10여 년이 지나 1990년대 중반에 양자 순간 이동[quantum teleportation]과 부분 복제가 연구되면서 학계의 관심이 급증하였고 마침내 양자 정보이론의 중요한 정리로 인식되었다. 100년의 역사가 되어가는 양자역학에 비하면 비교적 신생 분야라고 할 수 있는 양자 정보과학은 양자 컴퓨팅, 양자 통신, 양자 암호를 필두로 현재 학계와 기업을 막론한 과학기술계 전체의 커다란 관심과 연구자들의 노력으로 말 그대로 하루가 다르게 발전하고 있다.

16

암세포
종양 유전자
종양 억제 유전자
암 치료
방사선치료
발암물질
항암제

암세포 cancer cell
세포분열 cell division
악성종양 malignant tumor
양성종양 benign tumor
접촉 저지 contact inhibition
침투 invasion
신생 혈관 유도 angiogenesis
전이 metastasis
부착 의존성 anchorage-dependence
종양 유전자 oncogene
원종양 유전자 proto-oncogene
종양 억제 유전자 tumor suppressor gene
종양 바이러스 oncovirus
세포자연사 apoptosis
BRCA1
돌연변이원 mutagen
항암 화학요법 chemotherapy
자연 돌연변이 spontaneous mutation
방사선 요법 radiation therapy
면역 항암제 immunotherapy

방사선 radioactive ray
방사능 radioactive
방사성물질 radioactive material
복사 radiation
제동복사 bremsstrahlung
특성 엑스선 characteristic X-ray
브래그 피크 Bragg peak
중입자 치료 heavy particle therapy
중입자(바리온) baryon
입자 가속기 particle accelerator

발암물질(카르시노젠) carcinogen
방향족 물질 aromatic molecule
세포독성 cytotoxicity
반응성 산소종 Reactive Oxygen Species, ROS

동물의 암세포^{cancer cell}가 정상 세포와 다른 대표적인 특징은 정상 세포는 세포주기^{cell cycle}의 통제하에 세포분열이 조절되는 반면 암세포는 세포주기의 통제를 벗어나 무제한적으로 분열한다는 점이다. 하지만 비정상적으로 세포분열한다고 해서 모두 암세포라고 하지는 않는다. 암세포가 분열하여 만드는 조직 덩어리는 악성종양^{malignant tumor}이지만, 유사하게 비정상적인 세포분열로 형성되는 양성종양^{benign tumor} 또한 존재한다. 악성종양에서 발견되는 암세포는 비정상적인 세포분열 외에 다른 성질이 있다. 암세포는 이웃한 세포 조직을 침투하는 능력과 순환계를 타고 먼 곳으로 이동하는 능력이 있다. 정상 세포는 세포분열을 하다가도 옆의 다른 세포나 물리적 장벽과 접촉하면 세포분열을 멈추는데 이를 접촉 저지^{contact inhibition}라고 한다. 하지만 암세포는 옆에 다른 세포나 장애물이 있어도 분열을 멈추지 않기 때문에 이웃한 세포 조직으로 침투

invasion할 수 있다. 암세포 또한 정상 세포와 마찬가지로 영양분과 산소의 공급이 필요하다. 따라서 암세포가 증식하여 종양 덩어리를 형성하기 위해서는 새로운 혈관이 필요하다. 암세포는 신생 혈관 유도angiogenesis를 할 수 있는 능력이 있다. 또한 암세포는 원래 생겨난 지점을 벗어나 순환계를 타고 다른 장기나 조직으로 이동할 수 있는데 이를 전이metastasis라고 한다. 정상 세포는 부착 의존성anchorage-dependence이 있어 특정 물리적 표면에 부착하여 증식하지만, 암세포는 부착 의존성이 사라져 원래 지점을 쉽게 이탈하여 다른 지점으로 이동할 수 있다.

이렇게 암세포가 정상 세포와 다른 여러 가지 성질을 갖추기 위해서는 정상 세포의 다양한 유전자에 돌연변이가 생겨야 한다. 먼저 암세포의 대표적 성질인 무제한적 세포분열과 관련해서 최소 2종류의 유전자에 돌연변이가 있어야 한다. 먼저 세포분열을 가속화하는 유전자의 활성을 증진하는 돌연변이가 발생해야 한다. 동시에 세포주기에서 세포분열을 멈추게 하는 유전자의 활성을 억제하는 돌연변이가 필요하다. 이러한 상황에서 세포는 무제한적 분열을 할 수 있다. 이는 브레이크가 고장난 자동차의 가속페달을 힘껏 밟고 있는 상황과 유사하다. 암세포에서 세포분열을 가속화하는 유전자를 종양유전자oncogene라고 한다. 이 유전자는 정상 세포의 원종양유전자proto-oncogene가 돌연변이로 인해 유전자 산물의 양이나 활성이 증가한 것이다. 암세포에서는 또한 자동차의 브레이크 역할을 하는 종양 억제 유전자tumor suppressor gene의 기능이 돌연변이로 인해 망가져 세포분열을 멈출수 없게 된다. 원종양 유전자의 단백질 산물은 세포 성장 인자나 성장 인자 수용체 그리고 세포 내 신호 인자 등이다. 이들 유전자에 돌연변이가 일어나면 종양 유전자가 되어 과발현되거나 활성이 증가하여 세포분열을 가속화한다. 즉, 정상 세포에서 정상적인 기능을 수행하던 원종양 유전자가 돌연변이로 인해 종양 유전자가 될 수 있다. 한편 종양 유전자가 외부에서 들어오기도 하는데, '인유두종 바이러스Human Papilloma Virus, HPV' 같은 종양 바이러스oncovirus가 지니는 바이러스 종양 유전자가 대표적이다. 종양 유전자와 반대로 종양 억제 유전자에서 발현된 단백질은 세포분열을 멈추게 하거나 세포자연사apoptosis를 유도한다. 정상적인 세포는 DNA가 손상되면 세포주기를 일시 중단하고 DNA 손상을 복구한다. 그런데 암세포는

DNA 손상에 대해 세포주기를 멈추게 하는 단백질의 기능을 상실한다. 이와 관련한 대표적인 종양 억제 유전자가 유방암과 관련된 BRCA1 유전자이다. 미국 영화배우 앤젤리나 졸리Angelina Jolie는 BRCA1 유전자의 악성 변이가 발견되자 유방암 발생을 염려하여 유방 절제술을 받았다고 알려져 있다. 암세포에서 DNA 손상을 복구하는 데 관여하는 유전자 자체에 돌연변이가 발생하면 암세포에서의 돌연변이 축적은 더욱 가속화한다. 한편 정상 세포는 DNA 손상을 복구하지 못하면 세포자연사를 겪는다. 암세포는 세포자연사와 관련한 유전자에 돌연변이가 생겨 세포자연사를 피한다. 결과적으로 암세포는 불멸의 무제한적 세포분열을 하게 된다. 암세포는 또한 세포 부착과 관련한 유전자에도 돌연변이가 생겨 접촉 저지와 부착 의존성을 잃는다고 했는데, 세포 부착과 관련한 유전자도 종양 억제 유전자에 속한다.

이처럼 정상 세포가 암세포가 되기까지는 다양한 종류의 유전자에서 돌연변이가 일어난다. 그렇다면 돌연변이 발생을 피할 수 있을까? 이와 관련하여 좋은 소식과 나쁜 소식이 있다. 먼저 좋은 소식은 돌연변이를 유도하는 환경을 피하려고 노력하면 암 발생 가능성을 낮출 수 있다는 것이다. 즉, 돌연변이원^{mutagen}에 노출되는 것을 피하면 도움이 될 것이다. 돌연변이원이란 돌연변이 확률을 높이는 방사선이나 자외선 같은 물리적 인자와, 발암 물질^{carcinogen} 같은 화학적 인자를 말한다. 즉, 돌연변이원에 노출되는 상황을 줄이고 건강한 식단과 적절한 운동을 실천하는 것이 암 예방에 도움이 된다고 알려져 있다. 하지만 나쁜 소식은 이렇게 노력해도 암 발생을 완전히 막을 수는 없다는 것이다. 세포분열을 위해서는 먼저 DNA 복제가 일어나야 하는데, DNA 복제를 수행하는 DNA 중합 효소$^{DNA\ polymerase}$가 완벽하지 않기 때문이다. 물론 어떤 효소도 실수 없이 완벽하지는 않다. 일반적으로 DNA 중합 효소는 1,000만 개의 뉴클레오타이드를 붙이는 과정에서 1회 실수하며, 그 실수를 바로잡는 활성을 통해 10억 개의 뉴클레오타이드에 1개 정도의 실수까지로 낮출 수 있다. 또한 앞에서 언급한 돌연변이를 바로잡는 DNA 손상 회복 기구가 관여하여 실수를 더욱 낮추지만 돌연변이를 0으로 만들 방법은 없다. 이와 같은 이유로 발생하는 돌연변이를 자연 돌연변이$^{spontaneous\ mutation}$라고 한다.

그렇다면 암이 발생하면 어떻게 치료할 수 있을까? 암 치료라고 하면 항암 화학요법chemotherapy을 1차적으로 떠올릴 것이다. 하지만 암 환자에서 악성종양이 발견되면 먼저 제거 수술을 한다. 암 치료에는 방사선요법radiation therapy도 사용된다. 방사선이 암 발생 확률을 높이는 돌연변이원이라는 점에서 방사선치료는 이상하게 생각될 수 있다. 하지만 앞에서 언급했듯이 암세포는 DNA 손상을 복구하는 기구들이 망가진 경우가 많다. 따라서 악성종양이 발생한 부위에 적절한 방사선을 사용하면 해당 부위 주변의 정상 세포는 DNA가 손상되었더라도 복구할 수 있지만 암세포는 DNA 손상에 취약해진다. 또한 방사성동위원소를 종양에 국부적으로 위치시켜 암세포를 파괴하기도 한다. 암 환자에게 이미 전이가 일어난 단계라면 전신에 퍼져 있을 수 있는 암세포를 없애기 위해 약물을 사용하는 항암 화학요법을 반드시 수행해야 한다. 항암 화학요법에 사용되는 약물은 기본적으로 분열하는 세포를 표적으로 한다. 암세포의 대표적인 특징이 무제한적 세포분열이기 때문에 DNA 복제나 염색체 분리 같은 세포분열과 관련된 과정을 표적으로 하는 항암제는 암세포에 주로 영향을 미친다. 하지만 인체에는 암세포 외에도 세포분열을 하는 대표적인 세포가 있다. 바로 줄기세포다. 뼈의 골수에서 백혈구나 적혈구 같은 혈구를 생성하는 골수 줄기세포^{bone marrow stem cell}가 대표적이다. 따라서 항암제를 투여받는 동안에는 인체의 면역 기능이 저하되어 병원체의 감염에 취약해진다. 또한 항암 화학요법을 받는 암 환자들의 머리카락이 빠지는 것을 볼 수 있는데, 그 이유는 모낭 줄기세포가 영향을 받기 때문이다. 이 외에도 인체의 다양한 성체 줄기세포^{adult stem cell}가 항암제의 영향을 받을 수 있다. 현재 주로 사용되는 항암 화학요법은 왕성하게 분열하는 세포를 표적으로 하지만, 앞에서 언급하였듯이 인체 곳곳의 성체 줄기세포를 비롯한 다양한 세포도 영향을 받을 수 있으므로 부작용을 피할 수 없다. 최근에는 면역 항암제^{immunotherapy}로 면역계를 자극하여 암세포를 보다 효과적으로 제거하는 방법이 각광받고 있다.

방사선^{radioactive ray}을 폭넓게 정의하면 빛, 전자, 핵자, 이온 등이 직진성을 가진 빔^{beam} 또는 선^{線, ray}으로서 에너지를 전달하는 것을 지칭하고, 좁게 정의하면 그렇게 전달되는 에너지가 특별히 높은 때를 지칭한다. 방사능^{radioactive}은 방사선을 낼 수 있는 능력 또는 활성 상태를 말한다. 방사성물질^{(원소)radioactive material}은 방사능을 가지고 방사선을 방출할 수 있는 물질^(원소)을 말한다.

여기서 높은 에너지는 수십 keV 이상의 에너지를 말한다. 에너지 단위인 eV^{(전자볼트)electron volt}는 전자 1개가 1V의 전위차를 겪을 때 지니는 퍼텐셜에너지 변화량만큼의 에너지양이다. 전자 1개의 전하량은 약 -1.602×10^{-19}C이므로 1eV는 1.602×10^{-19}J만큼의 에너지이다. 그렇다면 수십 keV는 10^{-15}J 수준으로 그리 높은 에너지처럼 보이지 않는다. 왜 이를 높은 에너지로 분류할까?

여러 종류의 방사선 중 빛에 의한 방사선에는 복사輻射, radiation라는 용어를 사용하기도 한다. 복사 중에는 에너지가 낮은 방사선의 대표적 예인 우주배경복사cosmic microwave background radiation가 있다. 우주배경복사는 스펙트럼으로서 하나의 에너지를 가지는 것이 아니라 에너지 범위를 가진다. 이 스펙트럼의 정점에 해당하는 에너지는 광자 1개당 약 6.626×10^{-4}eV(진동수 스펙트럼의 경우)이다. 수십 keV는 우주배경복사 광자 1개 에너지의 약 1억 배 이상에 해당하는 어마어마한 양이다. 하지만 반드시 이것을 기준으로 고에너지 방사선을 이야기하지는 않는다.

루이 빅토르 피에르 레몽 드 브로이 7세 공작Louis Victor Pierre Raymond, 7th Duc de Broglie, 1892~1987의 물질파식에 의하면 물질파 파장은 다음의 식으로 주어진다.

$$\lambda = h/p$$

여기서 'λ'는 물질파의 파장, 'h'는 플랑크상수(약 6.626 $\times 10^{-34}$J·s), 'p'는 입자의 운동량의 크기이다.

고에너지 입자, 즉 빛의 속력의 90% 내외 수준으로 빛의 속력에 매우 가깝게 날아가는 입자의 상대론적 에너지식은 다음과 같다.

$$E = \gamma mc^2 = pc^2/v \sim pc$$

여기서 'c'는 빛의 속력$^{(299,792,458m/s)}$이고 'p'는 입자의 상대론적 운동량의 크기이다. 위의 근사식을 앞의 드 브로이 물질파식과 합치면 다음의 근사식을 얻는다.

$$\lambda \sim hc/E$$

위 식의 E에 우주배경복사 광자 1개의 에너지 $6.626 \times 10^{-4}eV$를 대입하면 대략 1mm 수준의 값을 얻는다. 이는 전자기파로서의 우주배경복사의 파장이 1mm 수준이라는 의미다. 위 물질파 근사식에서 에너지가 커질수록 파장이 작아짐을 알 수 있는데, E에 수십 keV의 값을 넣으면 파장이 대략 1Å 수준이 된다. 이것의 크기는 원자 정도이다. 이 정도의 물질파 파장을 가지는 방사선에 인체가 노출된다면 어떻게 될까? 인체 DNA 이중나선의 인접한 염기 사이의 거리는 3.4Å이고, 수 Å 파장의 방사선은 염기 사이의 결합이나 당 구조를 끊어버릴 수 있다. 대중에게 알려진 방사선의 공포스런 이미지는 바로 이것 때문이다. 또한 이 때문에 수 Å 수준 파장의 선^{ray}을 좁은 의미의 $^{(높은\ 에너지를\ 가진)}$ 방사선이라고 한다. 물론 방사선이 DNA만을 표적으로 결합을 끊는 것은 아니다. 세포질 내 다른 고분자들의 결합도 끊지만 DNA에 가해진 손상은 다른 고분자에 가해진 손상과는 차원이 다른 후속 피해를 낳는다.

신체의 세포는 끊임없는 분열과 사멸을 거듭하며 신체 구조와 신경·생리·소화작용을 유지한다. 세포분열과 사멸은 개체의 성장과 겉보기 지속성을 만들어 통일감을 부여하고 독립된 고유성을 가진 존재라는 인식을 가능케 한다. 세포분열이 일어나기 위해서는 분열에 필요한 생화학 고분자들이 분열의 설계도에 따라 준비되어야 한다. 그런데 고분자를 만들 설계도가 DNA에 배열되어 있기 때문에 만약 DNA가 심하게 손상되면 세포분열 자체가 일어날 수 없다. 즉, DNA가 심하게 손상된 세포는 세포분열 능력을 잃고 결국 사멸하여 사라진다. DNA가 손상된 세포의 개수가 적다면 신체는 후유증은 있을지언정 정상 상태로 점차 회복되겠지만, DNA가 손상된 세포의 개수가 많아서 세포사멸만 일어난다면 신체 조직과 기관이 유지될 수 없다. 따라서 방사선에 신체가 노출되면 방사선 입자의 에너지만큼이나 입자의 개수가 치명적이다. 특히 방사선 피폭량이 많을수록 분열 주기가 짧은 세포와 관련된 신체 기능에 빠르게 이상이 발생한다. 예를 들어 조혈모세포는 혈액 내의 여러 혈구로 분화하여 신체에 새로운 피를 끊임없이 공급하는 줄기세포인데, 다수의 조혈모세포가 DNA 손상을 입으면 적혈구와 백혈구 생산량이 급격히 줄어들어서 신체 산소 공급과 면역력의 저하가 단시간 내에 겉으로 드러난다. 아이러니하게도 분열 주기가 길거나 거의 분열하지 않는 세포들은 DNA 손상을 입더라도 관련 기능의 이상이 상대적으로 단시간 안에 드러나지 않을 때가 많다. 뇌세포와 심장 근육세포가 대표적이다. 대량의 방사선에 피폭되어 사망하는 경우 뇌사나 심장마비 이전에 장기 기능의 악화가 1차적 사망 원인이 되는 이유는 이 때문이다.

　　피폭량이 적거나 방사선의 에너지가 상대적으로 적어서, 즉 파장이 길어서 DNA 변형이 심각하지 않은 경우는 DNA 변이에 해당한다. 이는 단백질 설계도가 바뀌었음을 의미한다. 즉, 필요한 단백질이 합성되지 못하거나 정상적인 조직 유지와 생리작용에 부합되지 않는 이상 단백질이 합성될 수 있다. 이런 변이 DNA를 가진 세포들이 분열하여 유지되면서 지속적이고 누적적인 악영향을 끼치면 신체 기능에 이상이 생기거나 기형이 생긴다. 경우에 따라서는 세포분열만 끊임없이 하는 암세포가 될 수도 있다. 이처럼 방사선 자체는 눈에 보이지 않고 느껴지지도 않으며, 당장 겉으로 드러나는 외상 피해가 없다. 하지만 일단 방사선에 노출된 신체는 대량의 정상 DNA 배양 투입 기술이 개발되지 않는 한 손상을 되돌릴 수 없다. 한편 원자폭탄의 대중적 이미지와 결부되어 있는 뜨거움은 어마어마한 양의 열복사에너지 때문에 나타난다. 열복사는 방사선보다 파장이 매우 길며, 열복사에 의한 피해는 말 그대로 뜨겁게 데워져서 발생한다. 방사선은 열폭풍이 지나간 후에도, 즉 기온이 낮더라도 방사성물질로부터 계속 뿜어져 나올 수 있다. 방사선은 이처럼 무섭지만 바로 이 원리를 역으로 이용하여 암세포를 무력화할 수 있다.

자외선 살균기의 원리는 수십에서 수백 nm 파장의

빛을 쪼여 세균의 DNA를 파괴하는 것이다. 마찬가지로 암세포에 방사선을 쪼여서 암세포의 DNA를 파괴하여 분열 능력을 무력화하는 것이 방사선 항암 치료의 원리이다. 방사선 항암 치료는 신체를 개복하거나 생화학반응을 이용할 필요가 없기 때문에 상대적으로 신체에 가해지는 부담이 덜하지만 암세포가 커다란 조직으로 발전하였거나 신체 여러 곳으로 전이되면 사용할 수 없다. 따라서 암이 국소적이거나 발생 초기일 때 효과적인 편이며, 관련 기술이 계속 발전하고 있다. 방사선 항암 치료에 사용되는 방사선은 종류가 다양한데, 여기서는 엑스선 방사선과 최근 중입자 치료기로 알려진 방사선에 대해 알아보자.

엑스선의 발견은 음극선의 발견과 밀접한 관련이 있다. 공기를 품은 유리 용기의 압력을 낮춰서 공기의 밀도를 낮게 떨어뜨린 후 유리 용기 안에 전극판을 설치하고 유리 용기를 밀봉한 것을 크룩스관Crookes tube이라고 한다. 극판 사이에 수백에서 수십만 V의 전위차를 걸면 공기가 이온화되면서 전자들이 음극에서 양극으로 가속한다. 이것이 바로 처음 발견되었을 때 음극선cathod ray으로 알려졌던 선^{ray}이다. 오늘날에는 음극선의 정체가 전자 다발들의 운동으로 밝혀져 있다. 음극선이 양극 또는 크룩스관 유리벽 혹은 크룩스관 내부에 설치한 제3의 금속에 부딪힐 때 눈에 보이지는 않지만 형광물질이나 감광판을 감광시키는 선^{ray}이 나온다는 것을 음극선 발견 초기부터 연구자들은 관찰하였다. 뢴트겐은 이 미지의 선을 체계적으로 관측하고 인체의 손 사진을 찍어서 그 존재를 널리 알리는 공헌을 했다. 그렇다면 전자는 어떻게 엑스선을 발생시켰을까?

맥스웰이 1865년 전자기장의 파동방정식을 완성함으로써 훗날 맥스웰 방정식으로 불릴 4개 방정식의 깊은 의미가 드러났을 때 그중 전자기파와 관련된 함의는 크게 2가지였다. 하나는 '전자기장은 파동이 가능하고 이때 전자기파는 $c = 299,792,458m/s$의 속력으로 스스로 전달될 수 있다'이고 다른 하나는 '전자기파는 전하의 가속도운동으로 발생할 수 있다'이다. 즉, 엑스선의 정체는 파장이 가시광선에 비해 매우 짧을 뿐 여전히 전자기파이기 때문에 맥스웰의 전자기학에 따르면 전하의 적절한 가속도운동으로부터 발생할 수 있어야 한다. 그렇다면 크룩스관에서 어떻게 엑스선이 생겼는지를 유추할 수 있다. 속력이 매우 빠른 전자가 금속판에 입사하면서 금속판의 자유전자와 금속 원자들로부터 받는 힘에 의해 급격히 자신의 운동에너지를 잃고 속력이 떨어지는 가속도(가속도라는 용어는 감속을 포함)운동을 한 것이다. 자동차에 급제동이 걸리듯이 전자에 브레이크가 걸려서 나오는 빛이라는 의미로 이 빛을 제동복사(制動輻射, bremsstrahlung)라고 한다. 제동복사의 스펙트럼은 연속스펙트럼으로, 입사하는 전자의 운동에너지를 조절하여 다양한 파장 영역의 제동복사를 만들 수 있다. 한편 제동복사 연속스펙트럼을 분석하면 특정 파장의 불연속스펙트럼이 섞인 경우가 있는데 이는 전자의 가속도운동에 의해 방출된 것이 아니다. 특성 엑스선이라고 하는 이 불연속스펙트럼은 해당 금속 원자 자체와 금속 원자들 사이의 결합에서 영향을 받은 금속의 양자화된 에너지 준위에서 비롯된다. 과거에는 크룩스관과 동일한 원리로 표적 금속에 수천 V로 전자를 쏘아서 엑스선을 발생시켰는데, 이런 목적의 튜브를 엑스선 튜브라고 한다. 오늘날 의료 기기는 엑스선 튜브보다 훨씬 복잡하고 정밀해졌지만 여전히 표적 금속(주로 텅스텐)에 전자를 쏘아서 발생하는 제동복사를 이용한다는 원리는 동일하다. 방사선치료 기기에서 사용하는 전자의 에너지는 수백만 eV까지 높아졌는데, 이 정도의 가속전압을 얻기 위해서 의료 기기에 1m 내외 길이의 선형가속기가 설치되어 있다.

2023년 현재 국내 의료 기관 중 한 곳에 설치된 중입자 치료기의 치료 원리는 윌리엄 헨리 브래그가 브래그 곡선을 발견한 시기로 거슬러 올라간다. 브래그는 알파 입자가 공기 중을 지나면서 공기 분자를 얼마나 이온화하는지를 조사한 결과를 1904년과 1905년에 논문으로 발표하였다. 이때는 알파 입자가 헬륨 원자핵이라는 정체가 완전히 밝혀지기 전이었다. 당시 대부분의 과학자는 알파 입자가 공기 속을 진행하여 날아갈 때 날아가는 거리에 따라 처음에는 알파 입자의 에너지가 충분하여 공기 분자를 많이 이온화하고 나중에는 알파 입자가 에너지를 소진하여 이온화하는 공기 분자가 적을 것으로 예상했다. 하지만 브래그의 실험 결과는 정반대의 결과를 내놓았는데, 알파 입자가 공기 속을 나아간 거리에 오히려 비례하여 공기 분자들이 이온화한 것이다. 더 구체적으로는 알파 입자가 날아간 거리 대부분 동안 약간의 거리 비례 경향을 가진 채 거의 일정하게 이온화하다가 비행의 마지막 부분에서 급속하게 다량의 분자를 이온화했다. 알파 입자가 날아간 거리와 공기 분자의 이온화 정도를 그래프로 그리면 거리가 먼 곳에서 최대점이 생기는데 이를 브래그 피크 Bragg peak라고 부른다.

이 현상의 이론적 식은 한스 알브레히트 베테Hans Albrecht Bethe, 1906~2005 등이 1930년대에 양자역학을 이용하여 구하였다. 이 식에 의하면 양성자, 알파 입자, 원자 이온 등의 전하를 띤 입자가 물질 속으로 입사할 때 물질 내부를 이온화하면서 단위 거리에 따라 자신의 에너지를 잃는 양은 속력의 제곱에 반비례한다. 즉, 입사한 원자 이온의 속력이 빠르면 에너지를 적게 잃고 속력이 느리면 에너지를 많이 잃는다. 브래그 피크는 매우 빠르게 입사한 원자 이온이 점차 에너지를 잃으면서 속력이 미세하게 느려지다가 어느 수준보다 느려지면 에너지를 잃는 양이 눈에 띄게 많아지고, 이것이 더 속력을 느리게 만들고 다시 이것이 더 많은 에너지를 잃게 하여 운동 막바지에 급격히 모든 에너지를 잃는 양상 때문에 나타난다. 브래그 피크는 이온화될 수 있는 물질이라면 자신의 종류나 입사하는 원자 이온의 종류에 상관없이 보편적으로 나타나는데, 생체 조직에서도 마찬가지로 보인다.

브래그 피크를 잘 이용하면 원자 이온이 운동에너지 대부분을 잃으면서 엑스선을 방출하는 지점을 원하는 곳으로 조절할 수 있다. 즉, 물질 내부의 특정 표적 지점에서 엑스선이 복사되도록 할 수 있다. 이것은 브래그 피크를 이용하는 암 치료 방식이 처음부터 엑스선 방사선을 쪼이는 치료 방식보다 유리한 점이다. 처음부터 엑스선 방사선을 쪼이면 생체 조직에 입사한 광자는 브래그 피크와는 반대로 초반에 에너지를 많이 잃고 입사 거리가 길어질수록 에너지양이 줄어든다. 때문에 엑스선 방사선은 목표 지점에 충분한 양의 에너지를 가하기 위해서 여러 번 입사해야 하고, 정상 세포에 가해지는 영향을 줄이기 위해 입사 방향을 계속 바꿔야 한다. 엑스선 방사선치료 기기가 환자 주변을 빙글빙글 돌면서 치료하는 것은 그 때문이다. 브래그 피크를 이용하면 입사하는 원자 이온의 투과 경로에 있는 정상 세포에 가해지는 에너지는 상대적으로 적고, 암세포가 있는 목표 지점에서 집중적으로 엑스선이 방출되도록 할 수 있다. 브래그 피크를 이용하기 위해 입사하는 원자 이온은 과거에는 양성자였지만, 최근에는 탄소 원자 이온으로 양성자보다 약 12배 무거운 입자를 사용한다. 양성자보다 무겁다는 의미에서 중입자heavy particle라는 이름이 붙었다. 탄소 원자 이온은 양성자보다 브래그 피크의 폭이 좁다는 물리적 특징과, 암세포 파괴의 효율성이 높다는 생물학적 영향력 측면에서 유리하다.

　세계적으로 처음부터 중입자 치료기가 사용되지 않고 양성자 치료기가 사용된 이유 중에는 입자를 가속하는 가속기 설치에 많은 비용과 기술이 필요하다는 사실이 큰 부분을 차지했다. 엑스선 치료기는 전자를 가속하면 되었지만, 브래그 피크를 위해서는 이온을 가속해야 하는데 이때 양성자 질량은 전자 질량의 1,800배 이상이며 탄소 이온은 전자 질량의 2만 배 이상이다. 즉, 충분한 운동에너지를 가지도록 탄소 이온을 가속하려면 전자를 가속할 때보다 훨씬 강력한 입자가속기가 필요하다. 2023년 국내에 설치된 중입자 치료기의 입자가속기는 싱크로트론 입자가속기로, 크기가 직경 20m, 높이 1m 수준이다. 부속 장비까지 합치면 가속기 설치를 위해서

병원 건물 절반 정도의 면적에 3층 정도의 높이가 필요하다. 전자 선형가속기가 치료 기기 장치 내부에 설치되는 것과는 비교할 수 없는 크기이다.

용어와 관련하여 혼동이 있을 수 있다. 중입자 치료는 영어로 'heavy particle therapy'이다. 입자물리학에서도 중입자라는 용어를 쓰는데, 영어로 'baryon'이다. 입자물리학의 중입자^{baryon}는 쿼크 3개로 이루어진 입자를 말한다. 대표적으로 양성자와 중성자가 있다. 브래그 피크와 제동복사는 입자가속기 및 충돌기 실험에서 소립자의 정체를 밝히는 데 쓰이는 중요한 정보이다. 입자 충돌 실험에서 충돌 후 쏟아져 나오는 수많은 입자를 분류하여 어떤 것이 기존 입자들인지 아니면 미지의 새로운 입자들인지, 새로운 입자라면 어떤 물리적 속성을 가졌는지 등을 파악할 때 입자들을 검출기에 통과시켜서 브래그 피크와 제동복사 등을 측정한다. 방사선치료 분야를 돌아보면 기초과학 분야인 입자물리학이 생명과학과 직접적으로 닿아 있다는 점에서 자연의 본질에 대한 탐구가 사람을 살리는 기술과 무관하지 않다는 점을 시사하는 것만 같다.

암을 유발하는 발암물질, 영어로는 카르시노젠 carcinogen에 대해 알아보자. 발암물질은 인간 또는 동물의 세포 DNA와 상호작용하여 변형시키는 물질이다. 발암물질은 어떻게 규명할 수 있었을까? 첫 번째, 동물 실험을 통해 발암물질의 독성을 평가하는 방법이다. 동물에게 발암물질을 투여하고 일정 기간 동안 관찰하여 종양 발생 여부를 확인한다. 이를 통해 발암성을 확인하고 등급을 부여할 수 있다. 두 번째, 발암성 물질은 유전자 변이를 유발할 수 있으므로 유전 독성을 평가하여 물질의 유전적 영향을 평가한다. 세 번째, 발암물질은 세포의 변성과 세포 사멸을 유발할 수 있으므로 물질의 세포독성 cytotoxicity 시험을 통해 확인할 수 있다. 네 번째, 발암물질과 노출된 사람들의 연관성을 조사하는 역학적 연구를 수행한다. 이러한 연구에서 밝혀진 발암물질 중에는 반응성이나 휘발성이 높은 화학물질군이 많이 포함되어 있다. 발암성 화학물질 중 휘발성 방향족 물질aromatic molecule은 분자 간 상호 작용이 약해 공기 중에서 빠르게 증발하고 휘발성이 높은 것이 특징이다. 벤젠, 톨루엔, 에틸벤젠, 스티렌 등이 여기에 속하는데, 안타깝게도 이 물질들은 산업 현장에서 사용되는 많은 제품과 공정에서 발견된다. 예를 들어 벤젠은 도로 포장재, 플라스틱, 화장품, 의약품 등 다양한 제품에 사용된다.

발암물질 중에는 화학적 반응성이 높은 물질군도 포함된다. 특히 전자 불균형으로 화학적 반응성이 높은 물질은 DNA의 전자를 빼앗거나 추가함으로써 DNA 결합을 파괴하거나 변형할 수 있다. 예시 물질로는 자유라디칼, 반응성 산소종Reactive Oxygen Species, ROS이 있다. 자유라디칼은 불안정한 분자로, 하나 이상의 불포화 전자를 가지고 있어 다른 분자로부터 쉽게 전자를 빼앗을 수 있다. 예를 들어 하이드록실 라디칼은 DNA의 염기를 직접 공격하여 변형시키거나 파괴할 수 있다. 과산화수소 같은 반응성 산소종은 외부에서 유입될 수 있지만 세포의 정상적인 대사 과정에서 생성될 수도 있고, DNA를 손상시킬 수 있다. 염소 같은 강력한 산화제는 DNA와 반응하여 염기의 화학구조를 변경할 수 있다. 이러한 변형은 결합의 파괴나 변형을 초래할 수 있다. 또한 발암물질은 종종 구조가 크고 복잡하며, 이러한 특징 때문에 DNA의 이중나선 구조 안에 삽입되거나 DNA와 결합할 수 있다.

또한 우리가 노출되기 쉬운 발암 화학물질과 용도는 다음과 같다. 아세틸아세토니트릴은 주로 산업용 접착제 및 용제로 사용되며 폴리우레탄 발포체 및 폼 시트에도 사용된다. 비닐클로라이드는 주로 플라스틱 제조에 사용되는 화합물로 PVC 파이프, 접착제, 덮개 등에 사용된다. 석탄타르는 주로 도로 포장재, 지붕재, 도로 표시 재료 등에 사용되며 인공 보석 제조에도 사용된다. 포름알데하이드는 주로 접착제, 절연재, 제지, 섬유 및 가구 제조에 사용되며 표면처리제 및 방부제에도 사용된다. 한때 새집 증후군으로 인해 포름알데하이드 제거가 많이 연구되기도 하였는데, 현재는 포름알데하이드 사용이 제한되고 있다. 발암물질은 생각보다 우리 주위에 많다. 적절한 안전 조치 없이 이러한 화학물질에 노출되면 건강에 영향을 줄 수 있으므로 적절히 관리하고 사용할 필요가 있다.

시스플라틴은 1978년에 처음 항암제로 사용되기 시

작한 약물이다. 플래티넘 계열 화합물인 이 약물은 암세포의 DNA를 파괴하여 성장을 억제하고 파괴한다. 난소암, 폐암, 위암, 신장암 등 다양한 종류의 암을 치료하는 데 효과적이어서 종양의 크기를 줄이고 암세포를 파괴하는 데 도움을 준다. 하지만 시스플라틴은 강력한 약물이기 때문에 정상 세포에도 영향을 끼쳐 구토, 복통, 혈액 항진 감소 등의 부작용이 나타날 수 있다.

이렇게 암세포 파괴의 효율은 높으나 부작용이 큰 약물은 특정 조직이나 암세포로 정확하게 전달해야 하는데, 이를 연구하는 분야가 표적 약물 전달 연구이다. 이 연구의 목표는 특정 조직이나 세포에만 약물을 전달함으로써 치료 효과를 최대화하고 부작용을 최소화하는 것이다. 적용 방법에는 나노 입자, 항체, 유전자 전달 벡터 등을 사용하는 것이 포함된다. 나노 입자는 매우 작기 때문에 약물을 싣고 특정 조직이나 세포로 운반할 수 있다. 특정 단백질에 선택적으로 결합하는 성질이 있는 항체를 약물과 결합하여 목표 조직에 정확하게 전달하는 방법이 사용되기도 한다. 이 방법을 사용하면 약물이 목표 조직에 직접 도달하여 효과를 발휘할 수 있다. 유전자 전달 벡

터는 유전자를 운반하여 특정 유전자를 목표 세포로 전
달한다. 이 방법으로 특정 질환의 유전자를 수정하거나
치료할 수 있다.

참고문헌

2 엔트로피, 화학반응의 자발성, 깁스 자유에너지

1. Gerloch, Malcolm, and Edwin C. Constable. *Transition Metal Chemistry: The Valence Shell in d-Block Chemistry.* 1st ed. Wiley, 1994. Chapter 8.

3 원소, 원자, 주사 터널링 현미경, 양자 터널링

1. Wild, Robert, Markus Nötzold, Malcolm Simpson, Thuy Dung Tran, and Roland Wester. "Tunnelling Measured in a Very Slow Ion–Molecule Reaction." *Nature* 615, no. 7952 (March 1, 2023): 425–29. https://doi.org/10.1038/s41586-023-05727-z.

4 생체분자, 엑스선회절 분석법, 이중 슬릿 간섭

1. Jung, Hoimin, Jeonguk Kweon, Jong-Min Suh, Mi Hee Lim, Dongwook Kim, and Sukbok Chang. "Mechanistic Snapshots of Rhodium-Catalyzed Acylnitrene Transfer Reactions." *Science* 381, no. 6657 (August 4, 2023): 525–32. https://doi.org/10.1126/science.adh8753.

5 고분자, 배위 고분자, 금속 유기 골격체

1. Choi, Kyung Min, Hyung Mo Jeong, Jung Hyo Park, Yue-Biao Zhang, Jeung Ku Kang, and Omar M. Yaghi. "Supercapacitors of Nanocrystalline Metal–Organic Frameworks." *ACS Nano* 8, no. 7 (July 10, 2014): 7451–57. https://doi.org/10.1021/nn5027092.

10 물

1. Bush, John W.M., and David L. Hu. "WALKING on WATER: Biolocomotion at the Interface." Annual Review of Fluid Mechanics 38, no. 1 (January 2006): 339–69. https://doi.org/10.1146/annurev.fluid.38.050304.092157.

1. Panitchayangkoon, G., D. Hayes, K. A. Fransted, J. R. Caram, E. Harel, J. Wen, R. E. Blankenship, and G. S. Engel. "Long-Lived Quantum Coherence in Photosynthetic Complexes at Physiological Temperature." *Proceedings of the National Academy of Sciences* 107, no. 29 (July 6, 2010): 12766–70. https://doi.org/10.1073/pnas.1005484107.

2. Tiwari, Vivek, William K. Peters, and David M. Jonas. "Electronic Resonance with Anticorrelated Pigment Vibrations Drives Photosynthetic Energy Transfer Outside the Adiabatic Framework." *Proceedings of the National Academy of Sciences* 110, no. 4 (December 24, 2012): 1203–8. https://doi.org/10.1073/pnas.1211157110.

3. Schouten, Anna O., LeeAnn M. Sager-Smith, and David A. Mazziotti. "Exciton-Condensate-like Amplification of Energy Transport in Light Harvesting." *PRX Energy* 2, no. 2 (April 28, 2023). https://doi.org/10.1103/prxenergy.2.023002.

4. Yin, Juan, Yuan Cao, Yu-Huai Li, Sheng-Kai Liao, Liang Zhang, Ji-Gang Ren, Wen-Qi Cai, et al. "Satellite-Based Entanglement Distribution over 1200 Kilometers." *Science* 356, no. 6343 (June 15, 2017): 1140–44. https://doi.org/10.1126/science.aan3211.

5. Marletto, C, D. M. Coles, T. Farrow, and V. Vedral. "Entanglement between Living Bacteria and Quantized Light Witnessed by Rabi Splitting." *Journal of Physics Communications* 2, no. 10 (October 10, 2018): 101001. https://doi.org/10.1088/2399-6528/aae224.

6. Housecroft, Catherine E., and A. G. Sharpe. *Inorganic Chemistry*. 4th ed. Harlow, England ; New York: Pearson, 2012.

7. Ferreira, K. N. "Architecture of the Photosynthetic Oxygen-Evolving Center." Science 303, no. 5665 (March 19, 2004): 1831–38. https://doi.org/10.1126/science.1093087.

1. Dereka, Bogdan, Qi Yu, Nicholas H. C. Lewis, William B. Carpenter, Joel M. Bowman, and Andrei Tokmakoff. "Crossover from Hydrogen to Chemical Bonding." *Science* 371, no. 6525 (January 8, 2021): 160–64. https://doi.org/10.1126/science.abe1951.

2. Kulish, O., A. D. Wright, and E. M. Terentjev. "F1 Rotary Motor of ATP Synthase Is Driven by the Torsionally-Asymmetric Drive Shaft." *Scientific Reports* 6, no. 1 (June 20, 2016). https://doi.org/10.1038/srep28180.

3. Koumura, Nagatoshi, Robert W. J. Zijlstra, Richard A. van Delden, Nobuyuki Harada, and Ben L. Feringa. "Light-Driven Monodirectional Molecular Rotor." *Nature* 401, no. 6749 (September 1, 1999): 152–55. https://doi.org/10.1038/43646.

4. Shirai, Yasuhiro, Andrew J. Osgood, Yuming Zhao, Kevin F. Kelly, and James M. Tour. "Directional Control in Thermally Driven Single-Molecule Nanocars." *Nano Letters* 5, no. 11 (November 2005): 2330–34. https://doi.org/10.1021/nl051915k.

5. Xie, Hui, Guotao Liu, Sheng Hua Liu, and Jun Yin. "Synthesis of Rotaxanes and Catenanes Using an Imine Clipping Reaction." *Organic and Biomolecular Chemistry* 14, no. 44 (January 1, 2016): 10331–51. https://doi.org/10.1039/c6ob01581f.

6. Tuncel, Dönüs, Özgür Özsar, H. Burak Tiftik, and Bekir Salih. "Molecular Switch Based on a Cucurbit[6]Uril Containing Bistable [3]Rotaxane." *Chemical Communications*, no. 13 (March 22, 2007): 1369–71. https://doi.org/10.1039/B616764K.

7. Kudernac, Tibor, Nopporn Ruangsupapichat, Manfred Parschau, Beatriz Maciá, Nathalie Katsonis, Syuzanna R. Harutyunyan, Karl-Heinz Ernst, and Ben L. Feringa. "Electrically Driven Directional Motion of a Four-Wheeled Molecule on a Metal Surface." *Nature* 479, no. 7372 (November 1, 2011): 208–11. https://doi.org/10.1038/nature10587.

찾아보기

기타